高等职业教育计算机类课程
MOOC+SPOC 规划教材

U0323820

Windows Server 2016
网络操作系统
项目化教程

主编 / 汪卫明

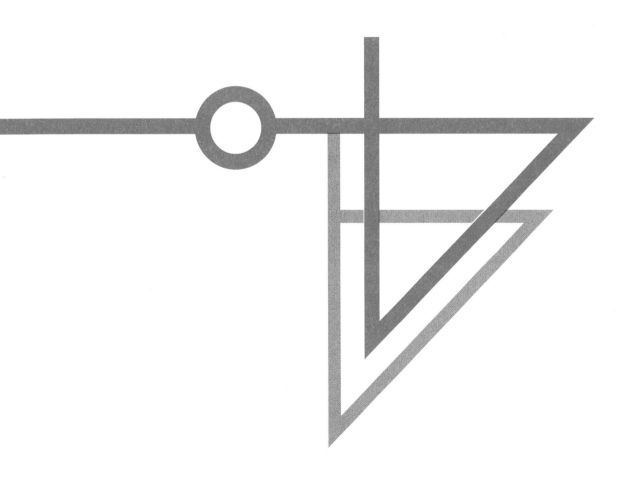

高等教育出版社·北京

内容提要

本书以 Windows Server 2016 网络操作系统平台构建网络主流技术，通过大量的实例操作，全面、系统地介绍了 Windows Server 2016 网络操作系统的常用功能及网络组件、活动目录、用户账户、组策略、网络服务等基本知识与技能。

本书对应的课程是计算机应用技术专业的核心课程，是形成网络系统管理能力的必修课程。本书主要内容包括：Windows Server 2016 服务器的安装与配置，活动目录的配置与用户管理，利用组策略管理用户环境及部署软件，DHCP、DNS、Web 的配置与管理，路由与远程访问服务的配置与管理，证书服务的管理和应用等。

本书将配套建设微课视频、课程标准、授课计划、电子教案、授课用 PPT、课后习题、案例素材等数字化学习资源。与本书配套的在线开放课程将在"智慧职教 MOOC 学院"（http://mooc.icve.com.cn/）上线，学习者可以登录网站进行在线开放课程的学习，授课教师可以调用本课程构建符合自身教学特色的 SPOC 课程，详见"智慧职教服务指南"。

本书实用性和可操作性强，所有案例操作均配有大量演示性图例，从系统管理深入讲解 Windows Server 2016 网络操作系统在实践中的具体运用，可作为职业院校计算机应用技术、网络技术和软件技术等应用型专业的操作系统实用技术课程的教材，也可作为从事计算机系统管理、网络管理与维护等的工程技术人员的参考书。

图书在版编目（CIP）数据

Windows Server 2016 网络操作系统项目化教程 / 汪卫明主编. --北京：高等教育出版社，2019.4（2020.8重印）
ISBN 978-7-04-051048-5

Ⅰ.①W… Ⅱ.①汪… Ⅲ.①Windows 操作系统-网络服务器-高等职业教育-教材 Ⅳ.①TP316.86

中国版本图书馆 CIP 数据核字（2018）第 271992 号

策划编辑	吴鸣飞	责任编辑	吴鸣飞	封面设计	赵 阳	版式设计	马敬茹
插图绘制	于 博	责任校对	陈 杨	责任印制	耿 轩		

出版发行	高等教育出版社	咨询电话	400-810-0598
社　　址	北京市西城区德外大街 4 号	网　　址	http://www.hep.edu.cn
邮政编码	100120		http://www.hep.com.cn
印　　刷	北京市白帆印务有限公司	网上订购	http://www.hepmall.com.cn
			http://www.hepmall.com
开　　本	787mm×1092mm　1/16		http://www.hepmall.cn
印　　张	15.5	版　　次	2019 年 4 月第 1 版
字　　数	340 千字	印　　次	2020 年 8 月第 2 次印刷
购书热线	010-58581118	定　　价	45.00 元

本书如有缺页、倒页、脱页等质量问题，请到所购图书销售部门联系调换
版权所有　侵权必究
物 料 号　51048-00

智慧职教服务指南

基于"智慧职教"开发和应用的新形态一体化教材，素材丰富、资源立体，教师在备课中不断创造，学生在学习中享受过程，新旧媒体的融合生动演绎了教学内容，线上线下的平台支撑创新了教学方法，可完美打造优化教学流程、提高教学效果的"智慧课堂"。

"智慧职教"是由高等教育出版社建设和运营的职业教育数字教学资源共建共享平台和在线教学服务平台，包括职业教育数字化学习中心（www.icve.com.cn）、职教云（zjy.icve.com.cn）和云课堂（APP）三个组件。其中：

● 职业教育数字化学习中心为学习者提供了包括"职业教育专业教学资源库"项目建设成果在内的大规模在线开放课程的展示学习。

● 职教云实现学习中心资源的共享，可构建适合学校和班级的小规模专属在线课程（SPOC）教学平台。

● 云课堂是对职教云的教学应用，可开展混合式教学，是以课堂互动性、参与感为重点贯穿课前、课中、课后的移动学习 APP 工具。

"智慧课堂"具体实现路径如下：

1. 基本教学资源的便捷获取

职业教育数字化学习中心为教师提供了丰富的数字化课程教学资源，包括与本书配套的电子课件（PPT）、微课、动画、教学案例、实验视频、习题及答案等。未在www.icve.com.cn 网站注册的用户，请先注册。用户登录后，在首页或"课程"频道搜索本书对应课程 "Windows Server 2016 网络操作系统项目化教程"，即可进入课程进行在线学习或资源下载。注册用户同时可登录"智慧职教MOOC学院"（http://mooc.icve.com.cn），搜索本课程名称，点击"加入课程"，即可进行与本书配套的在线开放课程的学习。

2. 个性化 SPOC 的重构

教师若想开通职教云 SPOC 空间，可将院校名称、姓名、院系、手机号码、课程信息、书号等发至 1548103297@qq.com（邮件标题格式：课程名+学校+姓名+SPOC 申请），审核通过后，即可开通专属云空间。教师可根据本校的教学需求，通过示范课程调用及个性化改造，快捷构建自己的 SPOC，也可灵活调用资源库资源和自有资源新建课程。

3. 云课堂 APP 的移动应用

云课堂 APP 无缝对接职教云，是"互联网+"时代的课堂互动教学工具，支持无线投屏、手势签到、随堂测验、课堂提问、讨论答疑、头脑风暴、电子白板、课业分享等，帮助激活课堂，教学相长。

前　言

　　Windows 系统管理是从事系统管理、网络管理的工作人员必备的知识和技能。本书以最新的 Windows Server 2016 网络操作系统为平台，系统地介绍了网络操作系统作中系统管理功能、活动目录和域管理功能、网络配置服务功能实现等内容，培养学生网络操作系统的基本应用能力、管理网络能力，实现网络服务（如 DNS、DHCP、IIS 等）的能力，强调实际解决网络操作系统管理问题的能力和实现网络服务应用的能力。

　　全书以具体项目为主线，用项目相关的知识作为铺垫，根据系统管理工作实际，结合每个项目的分析，详细介绍项目的实施及测试过程。为了突出职业能力的培养，本书采用基于项目的组织形式，以学时为单位，配备了电子课件、微课等丰富的多媒体课程资源，适合开展"教、学、做一体化"形式的教学。本书主要内容包括：Windows Server 2016 服务器的安装与配置、活动目录服务配置与管理、组策略管理与应用、DNS 服务器的配置与管理、DHCP 服务器的配置与管理、Web 服务器的配置与管理、证书服务器的配置与管理、路由的配置与管理等。

　　本书以实际教学为依托，按照职业院校的教学实际，所有教学通常都是利用虚拟机完成的，详细说明教学案例的实验环境准备的各个环节和注意事项，保证学生能够按照书中的操作完成每项实验。

　　经过多轮的教学，在多位授课教师的努力下，本课程已经完成了校级精品资源共享课程建设，教学内容和教学案例已经过充分实验和验证，内容包含了近几年主编及相关教师教学中的过程记录和成果经验。

　　本书由深圳信息职业技术学院计算机学院汪卫明担任主编。在本书的编写过程中，张平安教授进行了详细的内容审定，黄瑾瑜老师提供了丰富的教学案例和素材，同时深圳微软技术中心曾文著、黄家成等为本书的内容编写和项目设计提出了很多宝贵意见，在此表示深深的感谢！

　　使用本书的教师可发邮件至编辑邮箱 1548103297@qq.com 索取教学基本资源。

　　由于编者水平有限，书中难免有不足和纰漏之处，恳请广大读者批评指正。

编　者

2019 年 3 月

目　　录

第1章/
VMware 组建实验网络

1.1 项目背景

网络实验通常需要有几台计算机和交换机才能进行，但用户现在手头上只有一台计算机，怎么办？是去多买几台计算机，凑齐所有的设备才能做实验吗？有了 VMware 虚拟机软件，即使用户仅有一台计算机，也可以进行这些实验了。利用 VMware 虚拟化技术，用户可以在一台计算机上同时虚拟多台计算机，让它们连成一个网络，甚至也可让它们上 Internet，模拟真实的网络环境。多台虚拟机之间、虚拟机和物理机之间也可通过虚拟网络共享文件，在它们之间复制文件。

下面在一台 8GB 内存的计算机上，利用 VMware 构建一个网络：两台 Windows Server 2016 和一台 Windows 7，具体的网络拓扑结构如图 1-1 所示。

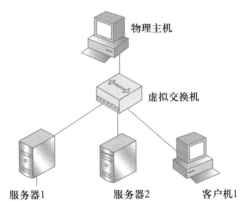

图 1-1 网络拓扑结构

1.2 Windows Server 2016 操作系统概述

Windows Server 2016 是微软的服务器系统，是 Windows Server 2012 的升级版本，于 2016 年 10 月 13 日正式发布。Windows Server 2016 功能涵盖服务器虚拟化、存储、软件定义网络、服务器管理和自动化、Web 和应用程序平台、访问和信息保护、虚拟桌面基础结构等。它提供企业级数据中心和混合云解决方案，易于部署、具有成本效益、以应用程序为重点、以用户为中心。Windows Server 2016 能够提供全球规模云服务的

Microsoft 体验带入用户的基础架构，在虚拟化、管理、存储、网络、虚拟桌面基础结构、访问和信息保护、Web 和应用程序平台等方面具备多种新功能和增强功能。

Windows Server 2016 带来了大量的新功能，包括引入新的安全层来保护用户数据及控制访问权限等，关键功能如下：

拓展安全性——引入新的安全层，加强平台安全性，规避新出现的威胁，控制访问并保护虚拟机；

弹性计算——简化虚拟化升级，启用新的安装选项并增加弹性，帮助用户在不限制灵活性的前提下确保基础设施的稳定性；

缩减存储成本——在保证弹性、减低成本及增加可控性的基础上拓展软件定义存储的功能性；

简化网络——新网络为用户数据中心带来了网络核心功能集及直接来自 Azure 的 SDN 架构；

应用程序效率和灵活性——Windows Server 2016 为封装、配置、部署、运行、测试及保护用户应用（本地或云端）引入了新方法，使用了 Windows 容器与新 Nano Server 轻量级系统部署选项等。

1.2.1   Windows Server 2016 版本介绍

Windows Server 2016 分为基础版（Essentials）、标准版（Standard）、数据中心版（Datacenter）。一般来说，小微型企业使用基础版，中型企业使用标准版，特大型企业使用数据中心版。

1. 基础版

该版本适用于最多有 25 个用户和 50 台设备的小型企业，仅支持两个处理器，提供 25 个客户端用户账户，不支持虚拟环境，可部署关键性业务应用系统，提供高可靠性、高性能的商业价值。

2. 标准版

该版本适用于具有低密度或非虚拟化环境的客户，当为服务器上的所有物理核心授予了许可时，提供 Windows 容器支持，但限制最多可使用两个 Hyper-V 容器。标准版的服务器许可已从基于处理器转变为基于核心，可以作为应用服务器、域控制器和集群服务器等。相对于 Windows Server 2012 R2，Windows Server 2016 标准版中添加了 Nano Server 和无限 Windows Server 容器等功能。

3. 数据中心版

该版本提供高度虚拟化和软件定义的环境，是功能最强的版本，具有最高的实用性、可靠性和可扩展性。Windows Server 2016 数据中心版可以用作关键业务数据库服务器、企业资源规划系统、大容量实时事务处理及服务器合并等。无论 Windows 容器还是 Hyper-V 容器都没有限制，每个许可证对应一个 Hyper-V 主机，数据中心版本能对安装的虚拟机中的全部系统自动授权。另外，数据中心版提供了独有的功能，包括软件定义的网络、受防护的虚拟机、存储空间直通和存储副本。

1.2.2　Windows Server 2016 主要新特性

1. Windows Server 容器和 Hyper-V 容器

Windows Server 2016 的一个重要改变是提供了对容器的支持。容器作为最新的热点技术在于它可能会取代虚拟化的核心技术。容器允许应用从底层的操作系统中隔离，从而改善应用程序的部署和可用性。Windows Server 2016 提供两种原生的容器类型：Windows Server 容器和 Hyper-V 容器。Windows Server 容器将应用程序相互隔离，但同时运行在 Windows Server 2016 系统中。Hyper-V 容器通过运行在 Hyper-V 里的容器提供增强的隔离性。

2. Nano Server

Nano Server 是一个精简的"headless"的 Windows Server 版本。Nano Server 将减少93%的 VHD 的大小，减少92%的系统公告，并且减少80%的系统重启。Nano Server 作为 Windows Server 的安装设置，没有 GUI 和命令提示符。Nano Server 的目标是运行在 Hyper-V、Hyper-V 集群、扩展文件服务器（SOFSs）和云服务应用上。

作为最小的内存部署选项，Nano Server 可以被安装在物理主机或虚拟机上。新的 Emergency Management Console 让用户可以在 Nano Server 控制台中直接查看和修复网络配置。此外，系统还提供 PowerShell 脚本用于创建一个运行 Nano Server 的 Azure 虚拟机。从应用的角度来说，现在可以使用 CoreCLR 运行 ASP.Netv5 应用。总而言之，Windows Server 2016 增加了重大功能以扩展 Nano Server 的能力，而这一切的更新都建立在维持原有内存占用的基础之上。

3. Docker 的支持

Docker 是一个开源的用于创建、运行和管理容器的引擎。Docker 容器起初创建于 Linux，但是下一个版本的 Windows 服务器将为 Docker 引擎提供内置支持。一个新的开源 Docker 引擎项目已经完成，并且有微软 Windows Server 开源社区成员的积极参与。现在，用户能够使用 Docker 去管理 Windows Server 和 Hyper-V 容器了。

4. 滚动升级的 Hyper-V 和存储集群

Windows Server 2016 中一个比较新的改变是对 Hyper-V 集群的滚动升级。滚动升级的新功能允许为运行 Windows Server 2012 R2 的系统添加一个新的 Windows Server 2016 节点与节点 Hyper-V 集群。集群将会继续运行在 Windows Server 2012 R2 的功能级别中，直到所有的集群节点都升级到 Windows Server 2016。集群混合水平节点管理将会在 Windows Server 2016 和 Windows 10 中完成。新 VM 混合集群将兼容 Windows Server 2012 R2 的特性集。

5. 动态添加和删除虚拟内存网络适配器

Windows Server 2016 Hyper-V 中另外一个新的功能是在虚拟机运行的过程中允许动态地添加和删除虚拟内存网络适配器。在以前的版本中，需要在 VM 保持运行状态下使用动态内存去改变最大和最小的 RAM 设置。Windows Server 2016 能够在 VM 运行的情况下改变分配的内存，即使 VM 正在使用的是静态内存，也可以在 VM 运行的状态下添加和删除网络适配器。

6. 嵌套的虚拟化

在添加新的容器服务过程中，Windows Server 2016 嵌套的虚拟化方便了培训和实验。在新的特性之下，不再局限于在物理机上运行 Hyper-V。嵌套的虚拟化能够在 Hyper-V 中运行 Hyper-V 虚拟机。

7. PowerShell 管理

PowerShell 是一个非常强大的自动化管理工具，但其远程管理 VMs 相对复杂。对此，用户需要去考虑一些安全策略，如防火墙配置（端口 5985/5986）和主机网络配置。PowerShell 使用户能够运行 PowerShell 命令通过来宾账户来操作系统的虚拟机，而不需要经过网络层。就像 VMConnect（Hyper-V 管理提供的远程控制台工具），无须配置就能使用 VM 来宾账户和所有需要的身份认证凭证。

8. Linux 安全引导

Windows Server 2016 Hyper-V 的另一个新特性是能够安全引导 Linux VM 的来宾账户操作系统。安全引导是 UEFI 第二代 VMs 集成固件规范，用来保护虚拟机的硬件内核模式代码从根包和其他地方引导时免受恶意软件的攻击。在此之前，第 2 代 VM 支持安全启动 Windows 8/8.1 和 Windows Server 2012 VM，但不支持运行 Linux 的 VM。

9. 新的主机守护服务和屏蔽 VMs

主机守护服务是 Windows Server 2016 上一种新的角色，主要作用在于保护虚拟机和数据免遭未经授权的访问，即使访问来自 Hyper-V 的管理员也不行。屏蔽的 VM 能够应用 Azure 管理界面进行创建。屏蔽的 VM Hyper-V 虚拟桌面能够被加密。

10. 存储空间管理

Windows Server 2016 中一个重要的改进是提供一种新的直接存储空间的功能，直接存储空间是 Windows Server 2012 R2 的存储系统的技术演进。Windows Server 2016 直接存储空间允许集群在内部访问 JBOD 存储，就像 Windows Server R2 能够访问 JBOD 和 SAS 硬盘的内部集群节点一样。

1.3　创建虚拟计算机系统

虚拟机，顾名思义就是虚拟出来的计算机，这个虚拟出来的计算机和真实的计算机几乎完全一样，可以在其中安装操作系统，安装各种应用程序和网络服务等。所不同的是它的硬盘是在一个文件中虚拟出来的，所以用户可以随意修改虚拟机的设置，而不用担心对自己的计算机造成损失。

在一台计算机上将硬盘和内存的一部分虚拟成若干台计算机，每台计算机可以运行单独的操作系统而互不干扰，这些"新"计算机各自拥有自己独立的 CMOS、硬盘和操作系统，用户可以像使用普通计算机一样对它们进行分区、格式化、安装系统和应用软件等操作，还可以将这几个操作系统连成一个网络。

用户不需要重新启动就可以同时在一台计算机上运行多个操作系统，可以在窗口模式下运行客户机，也可以在全屏模式下运行，当用户从虚拟机切换到宿主机操作系统屏幕之后，系统将自动保存虚拟机上运行的所有任务，以避免由于宿主机操作系统的崩溃，而损失虚拟机操作系统应用程序中的数据。虚拟机可用于安全测试、系统部署、网络测试等，本来需要很多台计算机完成的事情，现在直接在一台或多台物理主机连接的虚拟机网络中就可以完成。

1.3.1　VMware 基础知识

目前主流的虚拟软件有 VMware、微软和 Citrix 等公司的虚拟机系列产品，其中 VMware 占有最多的市场份额。VMware 是一家来自美国的虚拟软件提供商，也是全球最著名的虚拟机软件公司之一，目前为 EMC 公司的全资子公司，成立于 1998 年，公司总部位于美国加州帕罗奥多。VMware 所拥有的产品包括：VMware Workstation（VMware 工作站）、VMware Player、VMware 服务器、VMware ESX 服务器、VMware ESXi 服务器、VMware vSphere、虚拟中心（VirtualCenter）等。大家最熟悉和了解的即 VMware Workstation，或称 VMware 虚拟机，目前最新版本为 VMware 12.5。

VMware 是一个具有创新意义的应用程序，通过 VMware 独特的虚拟功能，用户可以在同一个窗口运行多个全功能的虚拟机操作系统。而且 VMware 中的虚拟机操作系统直接在 x86 保护模式下运行，使所有的虚拟机操作系统就像运行在单独的计算机上一样，因此，VMware 在性能上有十分出色的表现。虽然 VMware 只是模拟一个虚拟的计算机，但是它就像物理计算机一样提供了 BIOS，用户可以更改 BOIS 的参数设置。

1.3.2　VMware 的安装

下载完成之后找到下载的文件，双击运行，VMware 安装程序会解压到临时文件夹里，解压完成之后会出现安装界面。利用 VMware 安装虚拟服务器的过程如下。

（1）双击运行 VMware-workstation-full-12.5.exe，出现如图 1-2 所示的安装向导。接受许可协议，选择典型安装即可，如图 1-3 所示。

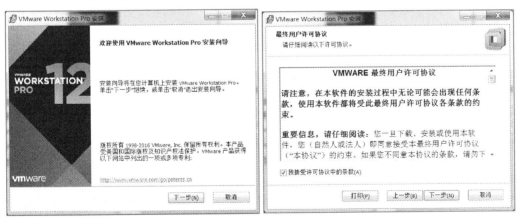

图 1-2　VMware 安装向导　　　　　图 1-3　VMware 最终用户许可协议

（2）选择程序安装路径，此处由默认路径更改为 C:\Program Files\VMware 12，如图 1-4 所示；后面步骤选择默认设置即可，也可以自己根据需要进行选择，如图 1-5 所示。

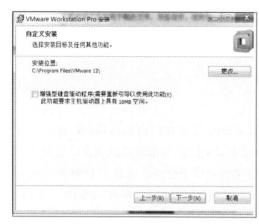 

图 1-4   更改安装路径   图 1-5   安装 VMware

（3）安装成功之后运行 VMware，出现如图 1-6 所示的启动界面。

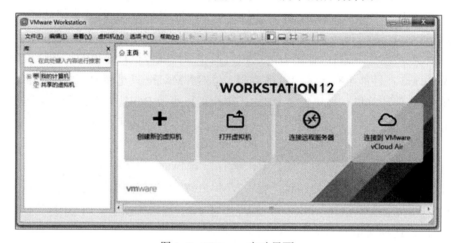

图 1-6   VMware 启动界面

1.3.3   VMWare 网络的三种工作模式

在介绍 VMWare 网络工作模式之前，首先认识 VMware 提供的几个虚拟设备。

（1）VMnet 0：用于虚拟桥接网络的虚拟交换机。

（2）VMnet 1：用于虚拟 Host-Only 网络的虚拟交换机。

（3）VMnet 8：用于虚拟 NAT 网络的虚拟交换机。

（4）VMware Network Adepter VMnet1：主机用于与 Host-Only 虚拟网络进行通信的虚拟网卡。

（5）VMware Network Adepter VMnet 8：主机用于与 NAT 虚拟网络进行通信的虚拟网卡。

以上虚拟网络设备都是由 VMWare 虚拟机自动配置生成的，不需要用户自行设置。VMnet 1 和 VMnet 8 提供 DHCP 服务，VMnet 0 虚拟网络则不提供，即选择 VMnet 0 时需要手动设置 TCP/IP 配置信息（桥接模式）。

安装了 VMware 虚拟机后，会在网络连接窗口中多出两个虚拟网卡，如图 1-7 所示。

图 1-7　多出两个虚拟网卡

VMware 提供了三种工作模式，分别是 Bridged（桥接模式）、NAT（网络地址转换模式）和 Host-Only（主机模式）。下面分别介绍三种工作模式的特点：

1. Bridged（桥接模式）

桥接网络是指本地物理网卡和虚拟网卡通过 VMnet 0 虚拟交换机进行桥接，虚拟系统和宿主机的关系就像连在同一个交换机上的两台计算机，构成一个局域网络，拓扑结构如图 1-8 所示。在这种模式下，VMware 虚拟出来的操作系统就像是局域网中的一台独立主机，它可以访问网内任何一台计算机，在图 1-8 所示的网络中，虚拟机 vc1 可以像物理机 pc1 一样与物理机 pc2 通信。在桥接模式下，需要手工为虚拟系统配置 IP 地址、子网掩码，而且还要和宿主机处于同一网段，这样虚拟机才能和宿主机进行通信。同时，由于这个虚拟机是局域网中的一个独立主机系统，那么就可以手工配置它的 TCP/IP 配置信息，以实现通过局域网的网关或路由器访问互联网。

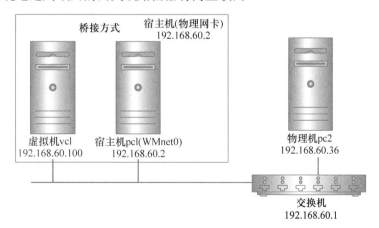

图 1-8　桥接方式拓扑结构示意图

2. NAT（网络地址转换模式）

使用 NAT 模式，通过主机上的 VMware Network Adepter VMnet 8 虚拟网卡直接连接到 VMnet 8 虚拟交换机上与虚拟网卡进行通信，实现主机和虚拟机的通信，拓扑结构如图 1-9 所示。让虚拟系统借助 NAT（网络地址转换）功能，通过宿主机所在的网络来访问互联网。NAT 模式下的虚拟机无法和本局域网中的其他真实主机进行通信。

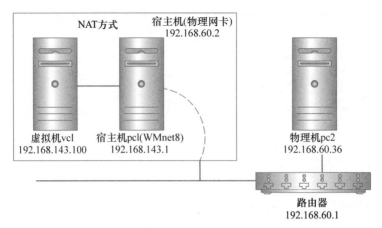

图 1-9   NAT 方式拓扑结构示意图

采用 NAT 模式最大的优势是虚拟机接入互联网非常简单，不需要进行任何配置，只需要宿主机能访问互联网。如果想利用 VMware 安装一个新的虚拟系统，在虚拟系统中不用进行任何手工配置就能直接访问互联网，采用 NAT 模式是最简单的方式。

3．Host-Only（仅主机模式）

在 Host-Only 模式下，虚拟网络是一个全封闭的网络，它唯一能够访问的就是主机，虚拟系统和真实的网络是被隔离开的，拓扑结构如图 1-10 所示。其实 Host-Only 网络和 NAT 网络很相似，不同的地方就是 Host-Only 网络没有 NAT 服务，所以虚拟网络不能连接到 Internet。

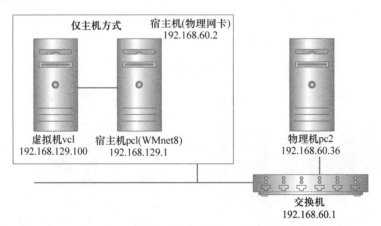

图 1-10   仅主机模式拓扑结构示意图

在某些特殊的网络调试环境中，要求将真实环境和虚拟环境隔离开，这时就可采用 Host-Only 模式。

1.4   实验网络环境搭建

在图 1-1 给出的网络中，共有 3 台虚拟计算机，其中有两台服务器和一台客户机，两台服务器采用 Windows Server 2016，客户机用 Windows 7。组建这样的虚拟网络，对物理机的硬件要求较高，CPU 在 3.0GHz 以上，至少有 8GB 的内存。下面利用 VMware 构建图 1-1 所示的实验网络。

1.4.1 实验网络环境介绍

安装一台 Windows Server 2016 虚拟机需要 15～30GB 硬盘空间、1～2GB 内存，而 Windows 7 则需要至少 1GB 内存、10GB 硬盘空间。为了系统运行平稳，Windows Server 2016 设计为硬盘空间 30GB、内存 2GB，Windows 7 设计为硬盘空间 15GB、内存 1GB。由于在实际教学过程中，所有学生在同一个实验室开展实验，为了避免各个虚拟网络之间的冲突，每个学生分别使用一个独立的网段。具体各计算机的参数设计见表 1-1。

表 1-1 虚拟机参数设计

序号	机器名	操作系统	IP 地址	内存	硬盘空间
1	DC1	Windows Server 2016	192.168. x.1	2GB	30GB
2	DC2	Windows Server 2016	192.168. x.2	2GB	30GB
3	C1	Windows 7	192.168. x.7	1GB	15GB

其中，IP 地址中的 x 为学生学号后两位。在本书中，取 x 为 60。

1.4.2 安装第一台服务器虚拟机

下面利用 VMware 安装一台 Windows Server 2016。具体过程如下。

（1）打开 VMware 12，在图 1-6 所示的管理界面中，单击"创建新的虚拟机"按钮，选择典型安装即可，如图 1-11 所示。

（2）选择 Windows Server 2016 ISO 镜像位置，如图 1-12 所示。

微课 1-1
安装
Windows
Server 2016
虚拟机

图 1-11 典型安装

图 1-12 选择 Windows Server 2016 ISO 镜像位置

（3）产品密钥可以先不填写，"全名"这里必须填写，再单击"下一步"按钮，弹出提示框，单击"是"即可，如图 1-13 所示。

（4）选择 Windows Server 2016 虚拟机存放位置，如图 1-14 所示。

图 1-13　填写全名

图 1-14　选择虚拟机存放位置

（5）选择虚拟机磁盘大小，30GB 已经可以满足操作，如图 1-15 所示。

（6）到这一步说明已经准备好创建虚拟机了，可以单击"完成"按钮。如果想更改硬件配置，可单击"自定义硬件"按钮进行设置（图 1-16）。

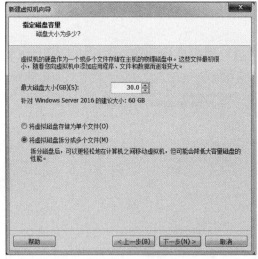

图 1-15　选择磁盘大小

图 1-16　虚拟机创建设置

（7）如图 1-17 所示就是虚拟机的硬件配置信息，可以修改，也可以移除和添加硬件设备，但是内存、处理器、光驱这些硬件是不允许移除的，其他硬件是可以移除的，如网卡。

（8）如果想要添加硬件可以单击"添加"按钮然后选择要添加的硬件，完成配置后虚拟机就会自动安装。安装成功的结果如图 1-18 所示。

图 1-17 自定义虚拟机硬件

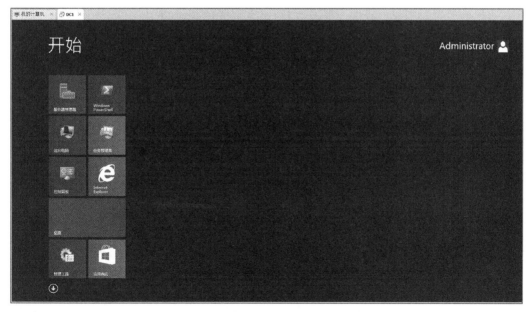

图 1-18 虚拟机安装成功

1.4.3 克隆安装第二台服务器虚拟机

利用 VMware Workstation 创建第一个虚拟机后，如果以后需要创建相同的操作系统就可以通过 VMware Workstation 克隆功能实现，而不需要重新安装。由于第一台服务器已经安装了 Windows Server 2016，虚拟机 DC2 可以在 DC1 的基础上克隆实现，下面是通过 VMware Workstation 克隆虚拟机 DC2 的具体步骤。

（1）打开一个虚拟机，单击"管理"→"克隆"命令（图 1-19）。

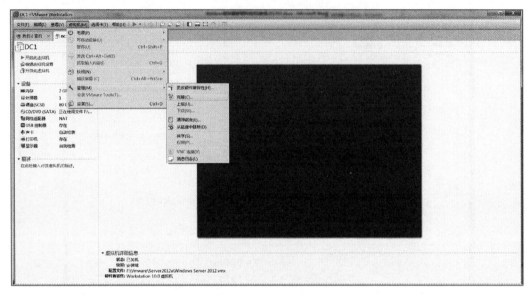

图 1-19　克隆虚拟机

微课 1-2
克隆
Windows
Server2016
虚拟机

注意：克隆虚拟机只能在虚拟机未启动的状态下进行。

（2）在克隆虚拟机向导中，单击"下一步"按钮（图 1-20）。

（3）选择从当前状态或某一快照创建克隆（图 1-21）。

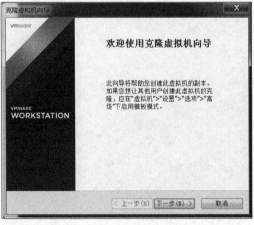

图 1-20　克隆虚拟机向导

图 1-21　选择克隆状态

克隆过程既可以按照虚拟机当前的状态来操作，也可以按照已经存在的克隆的镜像或快照的镜像来操作。

（4）在克隆类型选择页面上，可以选择创建的克隆虚拟机的类型：linked clone（链接克隆）或 full clone（全面克隆）。链接的克隆指向原始的虚拟机，占用很少的磁盘空间，但必须依托于原始的虚拟机，不能够脱离原始虚拟机独立运行。完整的克隆提供原始虚拟机当前状态的一个副本，可以独立运行，但是占用很多的磁盘空间。

此处选择"创建链接克隆"，单击"下一步"按钮（图1-22）。

（5）在"新虚拟机名称"中填入克隆的虚拟机的名称，并确定新虚拟机的安装位置（图1-23）。

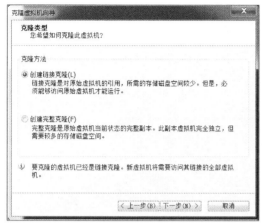
图 1-22　创建链接克隆

图 1-23　新虚拟机的名称和安装位置

（6）单击"完成"按钮，完成新虚拟机的建立。用同样的方法，可以建立多个虚拟机的克隆。

服务器 DC2 是 DC1 的克隆，由于这两台计算机操作系统的 SID（安全标识符）是相同的，在配置部分服务器时，两台相同 SID 号的服务器在一个域里，有可能会造成冲突，导致配置失败。因此，需要更改克隆虚拟机的 SID，防止出现问题，具体过程如下。

① 打开目录 C:\Windows \System32\Sysprep，双击打开 sysprep.exe。勾选"通用"项，单击"确定"按钮（图1-24）。

② 找到之后，直接双击运行（图1-25）。

图 1-24　修改 SID　　　　　　　　　　图 1-25　运行 sysprep.exe

③ 程序运行结束，自动重启（图 1-26），在重启过程中，会重新配置用户信息。

图 1-26　系统重启

重启后，由于这两台计算机操作系统的 SID 不相同，将不会出现 MAC 地址、SID 冲突的情况，克隆的计算机就像重新安装的一台虚拟机。

1.4.4　Windows 7 虚拟机安装

VMware 安装 Windows 7 的过程，与安装 Windows Server 2016 的过程基本相同。

（1）打开 VMware Workstation 虚拟机，在"主页"选项卡中，单击"创建新的虚拟机"按钮，进入"新建虚拟机向导"，如图 1-27 所示。

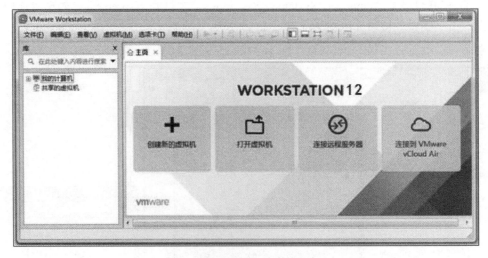

图 1-27　VMware 安装虚拟机

（2）选择典型安装之后，选择 Windows 7 ISO 镜像位置，如图 1-28 所示。

（3）选择 Windows 7 虚拟机存放位置，如图 1-29 所示。

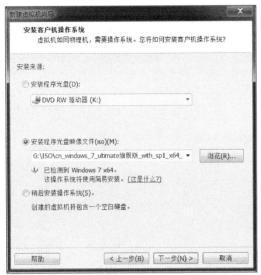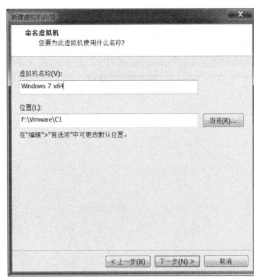

图 1-28　选择 Windows 7 ISO 镜像位置　　　　图 1-29　选择虚拟机存放位置

（4）选择虚拟机磁盘大小，15GB 已经可以满足操作，如图 1-30 所示。

（5）如图 1-31 所示，说明已经准备好创建虚拟机了，可以单击"完成"按钮。如果想更改硬件配置可单击"自定义硬件"按钮进行设置。

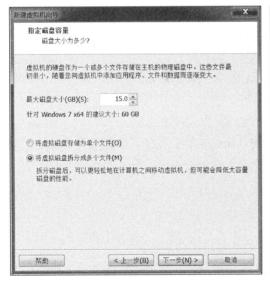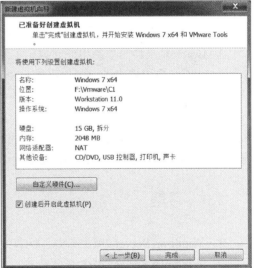

图 1-30　选择虚拟机磁盘大小　　　　图 1-31　Windows 7 虚拟机详细设置

（6）下面的过程基本上是自动完成的。最后进入虚拟机下 Windows 7 的桌面（图 1-32）。

通过以上的过程，利用 VMware 构建了两台 Windows Server 2016 和一台 Windows 7 的虚拟实验网络环境，后续章节将在此基础上进行各项实验。

图 1-32　虚拟机下 Windows 7 的桌面

1.5　拓展学习

本章利用 VMware 完成了 Windows 虚拟机的安装，如果网络中已经有同类型操作系统的计算机，可以利用克隆的方式安装，但是由于克隆的虚拟机与原虚拟机使用相同的 SID，网络访问时会产生冲突，需要使用 sysprep 工具重置系统。

VMware 是一种简单易用的虚拟化工具，占用的系统资源相对较少。其实 Windows Server 2016 自身也提供了虚拟化服务。Hyper-V 技术同样可虚拟化硬件以提供可在一个物理计算机上同时运行多个操作系统的环境，每个虚拟机都是可单独运行其各自操作系统的虚拟化计算机系统。如果读者已经具备一定的虚拟化技术经验，可以通过 Windows Server 和 Microsoft System Center 技术相关的 Microsoft 虚拟化认证拓展自身技能，完成本章各种虚拟机的安装和网络的配置，迎接未来的业务需求。

1.6　习题

1. Windows Server 2016 有哪些版本？它们之间的区别是什么？

2. Windows Server 2016 操作系统主要有哪些新特性？它与此前版本相比有些什么变化？

3. VMware 网络的三种工作模式各有什么特点？两位学生在各自的计算机上安装了一台虚拟机，如果要让这两台虚拟机之间相互通信，应该如何操作？

第 2 章/
构建域网络

构建域网络

PPT

2.1 项目背景

trwin 公司网络管理员小张刚开始管理全单位 12 台计算机，他使用的是工作组管理模式，网络配置很轻松，几乎不用管理。哪台计算机有问题，就去哪台计算机上解决，工作强度也不是很大。但是，公司近年快速发展，规模不断扩大，员工从十几人增加到几百人，计算机增加到了 500 台。小张采用同样的管理方式，每天都很忙碌，从早到晚一直在解决网络中用户的计算机故障问题，经常晚上加班，甚至通宵工作，但问题总是解决不了。一个月后，他被辞退了。

从上面的例子可以看出，传统的工作组管理模式采用分散管理的方式，只适合于小规模的网络管理。当网络中有上百台计算机时，需要一种更加高效的网络管理方式，域模式应运而生。下面利用此前构建的网络构建 trwin 公司的域网络，trwin 公司的域网络拓扑如图 2-1 所示。

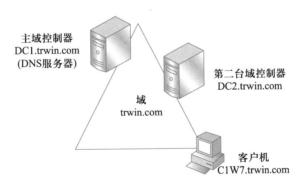

图 2-1　trwin 公司域网络拓扑

2.2 基础知识

2.2.1 计算机组网方式

用户可以利用 Windows Server 2016 构建网络，以便将网络上的资源共享给其他用户。Windows Server 2016 支持工作组和域两种网络类型。

微课 2-1
域结构 vs
工作组

1．工作组方式

工作组（Workgroup）就是将不同的计算机按功能分别列入不同的组中，共享计算机内的资源（如文件与打印机）给其他用户访问，由一群用网络连接在一起的计算机组成（图 2-2）。

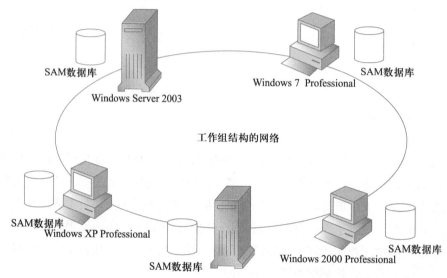

图 2-2   工作组结构的网络

工作组实现的是一种分散的管理方式，每一台计算机都是独立自主的，用户账户和权限信息保存在本机中，同时借助工作组来共享信息，共享信息的权限设置由每台计算机自身控制。任何一台计算机只要接入网络，其他计算机就都可以访问其共享资源，如共享文件等。工作组中的每台计算机都维护一个本地安全数据库，分别承担本机用户账户和资源安全的管理，在每台用户需要访问的计算机上，用户都必须有可用账户。用户账户的任何变化，例如修改密码或添加新的账户均必须在每台计算机上分别操作。如果忘记在计算机上添加新的用户账户，新用户将无法登录到没有此账户的计算机，也不能访问其上的资源。

在主从式网络中，如果资源集中存放在一台或少数几台服务器上，问题就很简单，在服务器上为每一位员工建立一个账户即可，用户登录该服务器就可以使用服务器中的共享资源。然而如果资源分布在多台服务器上呢？如图 2-3 所示的网络中，N 个用户要分别访问 M 台服务器的共享资源，则需要在每台服务器分别为每一员工建立一个账户（共 $M \times N$ 个），用户需要在每台服务器上（共 M 台）登录账户方可访问共享资源，用户的账户管理和资源访问非常不便。

工作组内不一定要有服务器级的计算机，例如，网络上不需要有 Windows Server 2016 系统的计算机，也就是说，即使只有 Windows 10 Professional、Windows 7 Professional 等系统的计算机，也可以构建一个工作组结构的网络。如果企业内的计算机数量不多，则可以采用工作组结构的网络。

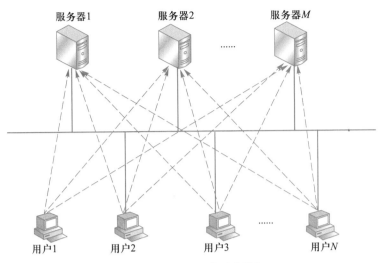

图 2-3 工作组下的用户访问

2. 域方式

域（Domain）是相对工作组的概念，形象地说，域就像中央集权，由一台或数台域控制器（Domain Controller）集中管理域内的其他计算机；工作组就像各自为政，组内每一台计算机自己管理自己，他人无法干涉。

与工作组不同的是，域内所有的计算机共享一个集中式的目录数据库，它包含着整个域内的用户账户与安全数据（图 2-4）。域网实现的是主/从管理模式，通过一台域控制器来集中管理域内用户账号和权限，账号信息保存在域控制器内，共享信息分散在每台计算机中，但是访问权限由控制器统一管理。

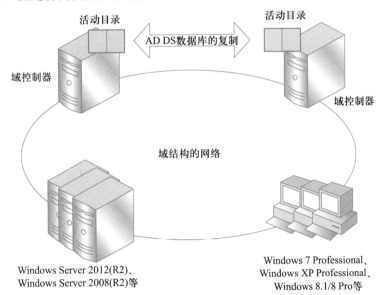

图 2-4 域结构的网络

在使用了域之后，如图 2-5 所示，服务器和用户的计算机都在同一域中，用户在域中只要拥有一个账户，用账户登录后即取得一个身份，有了该身份便可以在域中漫游，访问域中任何一台服务器上的资源。

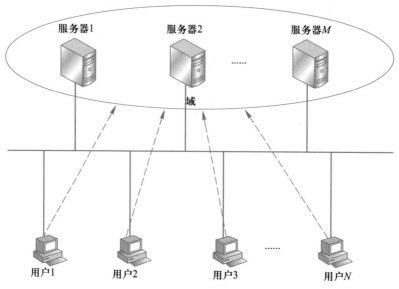

图 2-5　域方式下的用户访问

在域模式下，至少有一台服务器负责每一台连入网络的计算机和用户的验证工作，相当于一个单位的门卫，称为"域控制器"（Domain Controller，DC），它包含了由这个域的账户、密码、属于这个域的计算机等信息构成的数据库。当计算机连入网络时，域控制器首先要鉴别这台计算机是否属于这个域，用户使用的登录账号是否存在、密码是否正确。

随着网络的不断发展，有些企业的网络大得惊人，当网络有十万个用户甚至更多时，域控制器存放的用户数据量很大，更为关键的是如果用户频繁登录，域控制器可能因此不堪重负。在实际应用中，在网络中划分多个域，每个域的规模控制在一定范围内，同时也是出于管理上的要求，将大的网络划分成小的网络，每个小网络的管理员管理自己所属的账户，如图 2-6 所示。

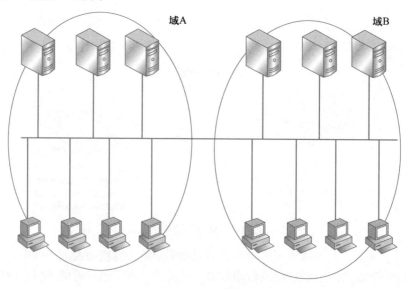

图 2-6　多个域

为了解决用户跨域访问资源的问题，可以在域之间引入信任关系，有了信任关系，域 A 的用户想要访问 B 域中的资源，让域 B 信任域 A 就行了。信任关系分为单向和双向，如图 2-7 所示。图 2-7（a）是单向的信任关系，箭头指向被信任的域，即域 A 信任域 B，域 A 称为信任域，域 B 称为被信任域，因此域 B 的用户可以访问域 A 中的资源。图 2-7（b）是双向的信任关系，域 A 信任域 B 的同时域 B 也信任域 A，因此域 A 的用户可以访问域 B 的资源，反之亦然。

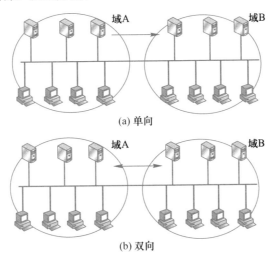

(a) 单向

(b) 双向

图 2-7　域的信任关系

2.2.2　活动目录的基本概念

一个公司里有多种类型的 IT 资源，如服务器、计算机、打印机等，如果这些 IT 资源都处于一个分散管理的状态中，这样势必会增加公司的管理成本。如何实现企业 IT 资源的集中管理呢？答案是使用域，它是把企业 IT 环境中的所有资源在逻辑上进行统一集中管理的一种手段。

命名空间是一个界定好的区域，例如把电话簿看成一个"命名空间"，那么就可以通过电话簿这个界定好的区域里面的某个姓名，找到与这个姓名相关的电话、公司名称、职位及地址等信息。

1. 活动目录的概念

什么是目录呢？电话簿内记录着亲朋好友的姓名、电话、地址、生日等信息，不用记住号码就可以拨打电话，这就是"电话目录"。计算机中的文件系统内记录着文件的文件名、大小、日期、存储位置等数据，这就是所谓的"文件目录"。目录服务对于网络的作用就像电话簿对电话系统的作用一样。在网络中，特别是互联网中有各型各类的主机、各种各样的资源，这些东西杂散在网络中，需要有类似的机制来访问这些资源，得到相关的服务，于是就有了目录服务。普通用户不需要关心网络上资源的位置，只需要通过简单好记的名字就能访问自己需要的资源。目录服务是使目录中所有信息和资源发挥作用的服务，如用户和资源管理、基于目录的网络服务、基于网络的应用管理等。早期的目录服务主要是提供文件检索，Novell 就是广为使用的目录服务器系统。如今，目录服务在应用程序集成中所扮演的角色越来越重要，它就好像是一个涵盖了所有应用程序、访问和安全信息的中央存储库。

活动目录（Active Directory，AD）服务能把网络中的众多资源有效地组织在一起，实现集中管理与统一保护，最大限度地保证资源的可用性与安全性。活动目录以数据库的形式存放在网络中的一些特定计算机上，这个数据库称为"活动目录数据库"。管理员可以利用活动目录来集中执行组织、管理与控制网络资源的各项功能。用户也能够通过活动目录方便迅速地找到所需要的资源，使用所需要的功能。

在 Windows Server 2016 内负责目录服务的组件为活动目录，它负责目录数据库的添加、删除、更改与查询等任务。域控制器的作用相当于一个门卫，它包含了由这个域的账户密码、管理策略等信息构成的数据库。当一台计算机登录域时，域控制器首先要鉴别这台计算机是否属于这个域，用户使用的登录账号和密码是否正确。如果正确，则允许计算机登入这个域，使用该域内其有权限访问的各种资源，如文件服务器、打印服务器，也就是说，域控制器仅起到一个验证作用，访问其他资源并不需要域控制器干预或控制；如果不正确，则不允许计算机登入，这时，计算机将无法访问域内任何资源，只能以对等网用户的方式访问 Windows 共享的资源，这在一定程度上保护了企业网络资源。

2．活动目录的功能

活动目录是 Windows Server 2016 操作系统提供的一种目录服务。域内的目录是用来存储用户账户、组、打印机、共享文件夹等对象（object）的，把这些对象的存储处称为"目录数据库"。活动目录是一个分布式的目录服务，信息可以分散在多台不同的计算机上，保证用户能够快速访问。通过活动目录里的对象的名称就可以找到与这个对象相关的信息，既提高了管理效率，又使网络应用更加方便。活动目录（Active Directory）主要提供以下功能。

① 基础网络服务：包括 DNS、WINS、DHCP、证书服务等。

② 服务器及客户端计算机管理：管理服务器及客户端计算机账户，所有服务器及客户端计算机加入域管理并实施组策略。

③ 用户服务：管理用户域账户、用户信息、企业通讯录（与电子邮件系统集成）、用户组管理、用户身份认证、用户授权管理等，实施组管理策略。

④ 资源管理：管理打印机、文件共享服务等网络资源。

⑤ 桌面配置：系统管理员可以集中地配置各种桌面配置策略，如界面功能的限制、应用程序执行特征限制、网络连接限制、安全配置限制等。

⑥ 应用系统支撑：支持财务、人事、电子邮件、企业信息门户、办公自动化、补丁管理、防病毒系统等各种应用系统。

在 Windows Server 2016 平台下的 Active Directory 服务包括活动目录证书服务（AD CS）、活动目录域服务（AD DS）、活动目录联合身份验证服务（AD FS）、活动目录轻型目录服务（AD LDS）和活动目录权限管理服务（AD RMS）。

2.2.3 活动目录的逻辑结构

活动目录是一种目录服务，它存储有关网络对象（如用户、组、计算机、共享资源、打印机和联系人等）的信息，并将结构化数据存储作为目录信息逻辑和分层组织的基础，使管理员比较方便地查找并使用这些网络信息。

活动目录结构主要是指网络中所有用户、计算机及其他网络资源的层次关系，就像是一个大型仓库中分出若干个小的储藏间，每一个小储藏间分别用来存放不同的东西一样，通常情况下活动目录的结构可以分为逻辑结构和物理结构。

活动目录的逻辑结构包括：域、域树、域林和组织单位。

1．域

域是计算机网络中的一个逻辑单位，是网络系统的安全性边界。一个计算机网络最基本的单元就是"域"，活动目录可以贯穿一个或多个域。对于独立的计算机，域即指计算机本身。一个域可以分布在多个物理位置上，同时一个物理位置又可以划分不同网段为不同的域，每个域都有自己的安全策略，以及与其他域的信任关系。当多个域通过信任关系连接起来之后，活动目录可以被多个信任域共享。活动目录的"命名空间"采用 DNS 架构，所以活动目录的域名采用 DNS 格式来命名，可以把域名命名为 sziit.edu.cn、trwin.com 等，如图 2-8 所示就是一个域。

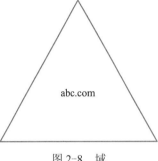

图 2-8　域

2．域树

域树由多个域组成（图 2-9），这些域共享同一表结构和配置，形成一个连续的名字空间。树中的域通过信任关系连接起来，活动目录包含一个或多个域树。

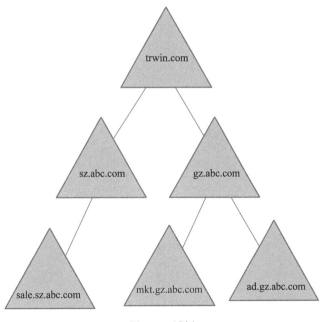

图 2-9　域树

trwin 公司建立起了自己的域，叫 trwin.com，解决了企业内部的 IT 环境管理问题，大大降低了管理成本。但是，好景不长，随着业务的发展，需要在深圳、广州成立子公司，那么跨地域的资源怎么集中管理呢？

还是用域环境来解决，为 trwin.com 创建子域，并且在命名的逻辑关系上与 trwin.com

是连续的。而 sz. trwin.com 和 gz. trwin.com 相对于 trwin.com 来说是子域。反过来，trwin.com 相对于 sz. trwin.com 和 gz. trwin.com 来说是根域，它们之间是父子关系。同样地，各个子域下面也可以建立自己的子域。

而目前形成的这种逻辑管理结构称为域树。这样远程分支机构的管理问题也就解决了，成本也随之降低了。

3．域林

域林是由一个或多个没有形成连续名字空间的域树组成，它与上面所讲的域树最明显的区别就在于这些域树之间没有形成连续的名字空间，而域树则由一些具有连续名字空间的域组成。但是，域林中的所有域树仍共享同一个表结构、配置和全局目录。域林由其中的所有域树通过 Kerberos 信任关系建立起来，所以每个域树都知道 Kerberos 信任关系，不同域树可以交叉引用其他域树中的对象。域林也有根域，域林的根域就是域林中创建的第一个域。域林中所有域树的根域与域林的根域建立可传递的信任关系。

4．组织单位

组织单位（Organizational Unit，OU）是一个容器对象，可以把域中的对象组织成逻辑组，以简化管理工作。组织单位可以包含各种对象，如用户账户、用户组、计算机、打印机等，甚至可以包括其他组织单位，所以可以利用组织单位把域中的对象组成一个逻辑上的层次结构。对于企业来讲，可以按部门把所有的用户和设备组成一个组织单位层次结构，也可以按地理位置形成层次结构，还可以按功能和权限分成多个组织层次结构。

2.2.4   域基本配置条件

构建域网络的核心是域控制器，为了将 Windows Server 2016 服务器升级为域控制器，要注意以下事项。

1．文件系统和网络协议

活动目录必须安装在 NTFS 分区，因此 Windows Server 2016 所在的分区必须是 NTFS 文件系统，同时计算机上要正确安装网卡驱动程序，并启用 TCP/IP。

2．域名

由于 AD DS 的域名采用 DNS 的架构与命名方式，因此必须先为 AD DS 域取一个符合 DNS 格式的域名，例如 trwin.com。虽然域名可以在域创建完成后更改，不过步骤烦琐，因此要谨慎命名。

3．DNS 服务器

在 TCP/IP 网络中，DNS 是用来解决计算机名字和 IP 地址的映射关系的。活动目录和 DNS 密不可分，它使用 DNS 服务器来登记域控制器的 IP、各种资源的定位等，因此在一个域林中至少要有一个 DNS 服务器存在。Windows Server 2016 中的域也是采用 DNS 的格式来命名的。可以采用两种方式来架设 DNS 服务器：

（1）使用现有的 DNS 服务器或另外安装一台 DNS 服务器，然后在这台 DNS 服务器创建一个用来支持 AD DS 域的区域。例如 AD DS 域名为 trwin.com，则创建一个名为 trwin.com 的区域，并启用动态更新功能。

（2）在将服务器升级为域控制器时，顺便让系统自动在这台服务器上安装 DNS 服务器角色。但服务器上的"首选 DNS 服务器"地址要输入本机的 IP 地址。

4．Active Directory 数据库的存储位置

域控制器需要使用磁盘存储以下 3 个有关的数据（必须存储到本地磁盘内）：①Active Directory 数据库，用来存储 Active Directory 对象；②日志文件，用来存储 Active Directory 数据库的改动日志；③SYSVOL 文件夹，用来存储于组策略有关的设置。

建议将 Active Directory 数据库和日志文件分别存储到另一块硬盘上，一方面是两个硬盘独立运行可以提高运行效率，另一方面是分开存储可以避免两份资料同时出现问题，以提高还原 Active Directory 数据库的能力。

2.2.5　域网络设计

域控制器是域管理的核心，集中管理用户对网络的访问，如登录、验证、访问目录和共享资源。在一个域环境中，至少有一台控制器，域中的第一台域控制器称为主域控制器；在实际的企业环境中如果仅有一台域控制器是十分危险的，因为 Active Directory 上的数据十分重要，域控制器一旦崩溃会影响整个公司的运转，所以一个企业至少要有两台以上的服务器作为域控制器，来实现域环境的正常运转。另外，至少需要有一台测试计算机来验证各种用户的登录和各种资源的访问。域网络中各计算机的参数设计见表 2-1。

表 2-1　域网络中各计算机的参数设计

序号	机器名	操作系统	作用	IP 地址
1	DC1	Windows Server 2016	主域控制器、DNS 服务器	192.168.60.1
2	DC2	Windows Server 2016	第二台域控制器	192.168.60.2
3	W7PC1	Windows 7	客户机	192.168.60.7

下面将按照以上的设计来构建域网络。

2.3　创建主域控制器

Windows Server 系列操作系统的活动目录的功能强大，但是 Windows Server 2016 初始状态下并没有安装活动目录服务，用户只有安装了活动目录服务，才能搭建域环境，将服务器配置成域控制器。

2.3.1　创建过程

在创建域控制器之前需要对服务器做一些准备工作，如计算机重命名，将计算机命名为有含义的名字，方便日后使用和管理；另外，域控制器作为域管理的核心，需要设定固定的 IP。基本设定完成之后，需要安装活动目录服务，并将服务器提升为域控制器，域控制器创建的具体过程如下。

1．准备阶段

（1）将计算机命名为 DC1，如图 2-10 所示。升级为域控制器后，计算机名会自动更改为 DC1.trwin.com，其中 trwin.com 为域名。

微课 2-2
安装第一台
域控制器

（2）修改计算机的 IP 地址和 DNS 服务器地址，如图 2-11 所示。如果网络中有独立的 DNS 服务器，在此需要填写正确的 DNS 服务器 IP 地址。在当前环境中，由于没有专门的 DNS 服务器，域控制器会自动安装 DNS 服务，并成为域网络的 DNS 服务器，因此 DNS 服务器地址填写本机 IP 地址。

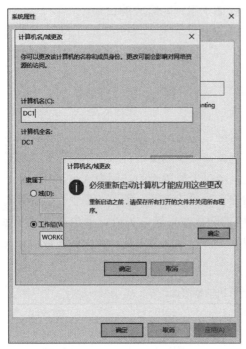

图 2-10   计算机重命名

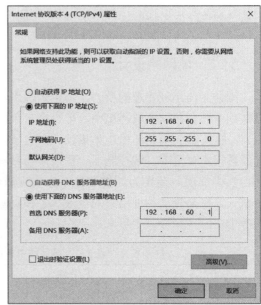

图 2-11   配置计算机 IP 地址和 DNS 服务器地址

2．安装活动目录服务

（1）单击左下角的服务器管理器图标，在仪表盘上单击"添加角色和功能"，如图 2-12 所示。

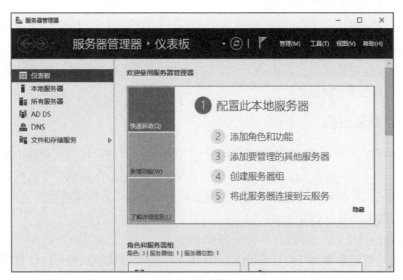

图 2-12   添加角色和功能

（2）在打开的添加角色和功能向导中，选择安装类型为"基于角色或基于功能的安装"，如图 2-13 所示。

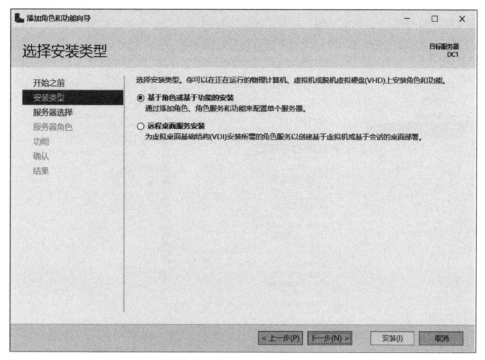

图 2-13 选择安装类型

（3）从服务器池中选择目标服务器，如图 2-14 所示。

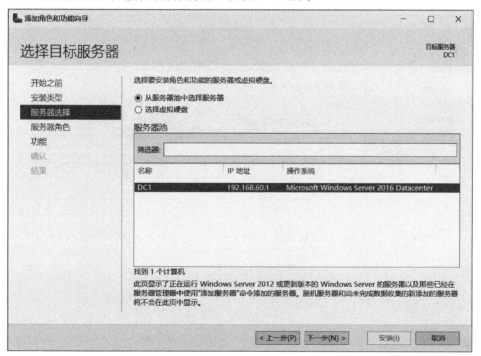

图 2-14 选择目标服务器

（4）选择 Active Directory 域服务，添加 Active Directory 域服务所需的功能——AD 域服务和 DNS 服务器，如图 2-15 所示。

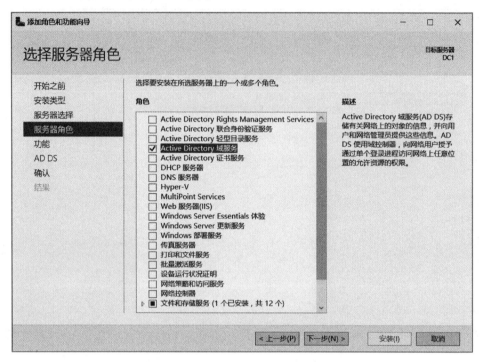

图 2-15　选择服务器角色

（5）单击"下一步"按钮继续安装，如图 2-16 所示。

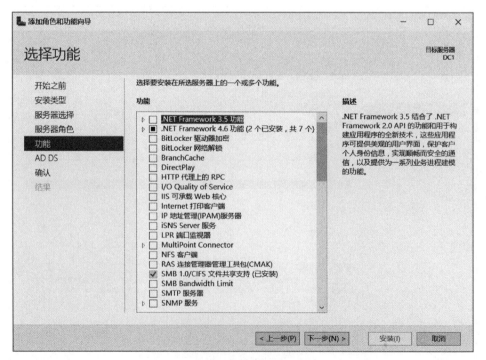

图 2-16　选择功能

（6）单击"下一步"按钮，如图 2-17 所示。

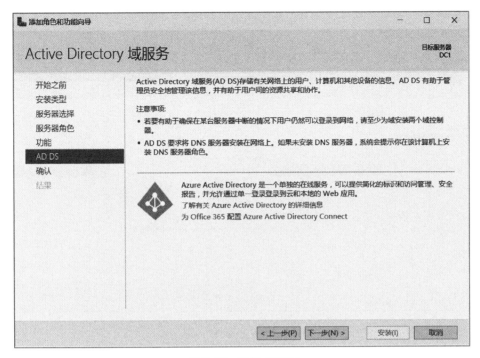

图 2-17　添加 AD DS

如果需要，会自动重启目标服务器。

（7）单击"安装"按钮，会显示进度条，直至安装完成（图 2-18）。

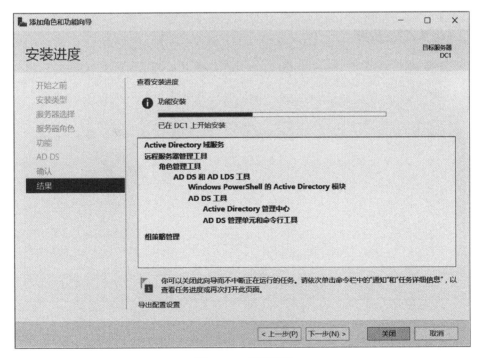

图 2-18　安装进度

3．提升为域控制器

（1）菜单栏的旗子边有一叹号，表示有任务要继续，单击"将此服务器提升为域控制器"，如图 2-19 所示。

图 2-19　提升为域控制器

（2）选择"添加新林"，输入 trwin 公司的根域名 trwin.com，如图 2-20 所示。

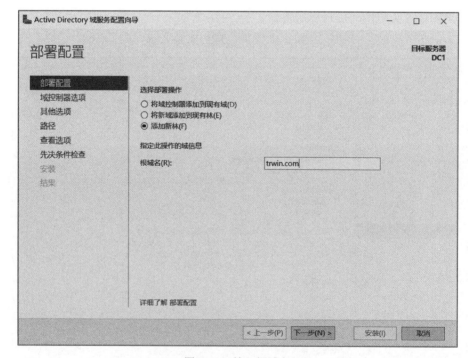

图 2-20　输入根域名

（3）选择功能级别和指定域控制器功能，输入还原模式（DSRM）的密码，如图 2-21 所示。

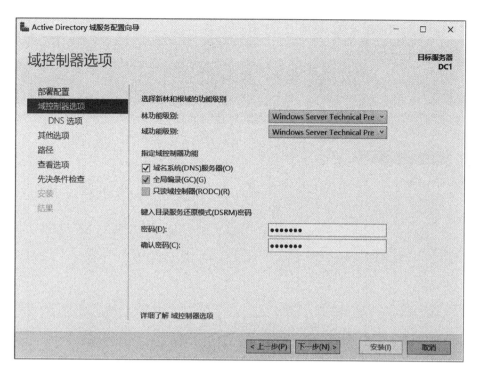

图 2-21 域控制器选项

（4）因为没有安装 DNS，所以系统会有警告信息，可以不用理会，单击"下一步"按钮继续安装（图 2-22）。

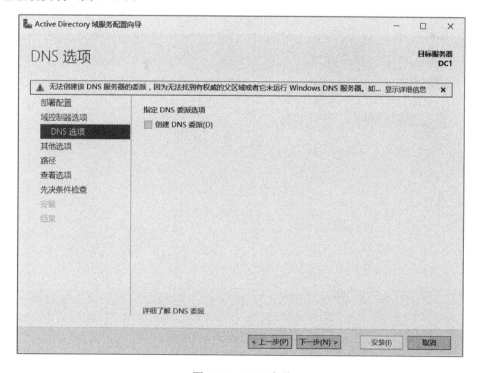

图 2-22 DNS 选项

（5）输入 NetBIOS 域名，如图 2-23 所示。

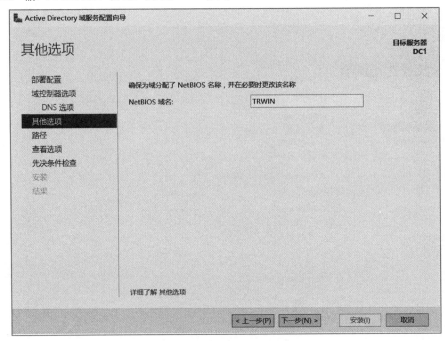

图 2-23 输入 NetBIOS 域名

（6）指定 AD DS 数据库、日志文件和 SYSVOL 的位置，如图 2-24 所示。

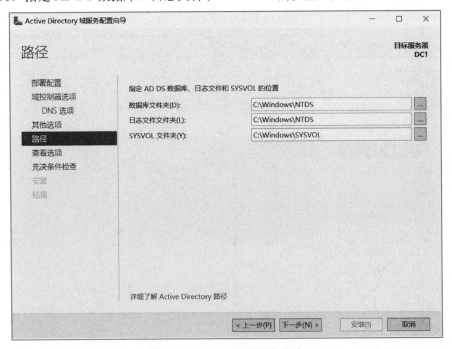

图 2-24 AD DS 相关路径指定

（7）路径指定完成后，出现查看选项的界面，列出了域名、NetBIOS、DNS 服务器等信息，如图 2-25 所示。

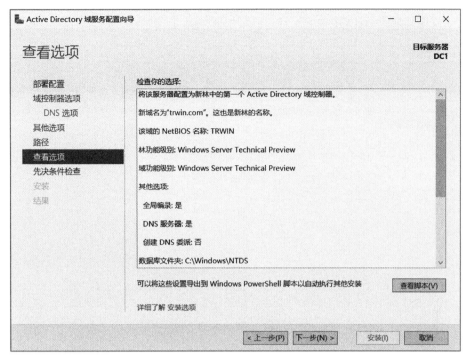

图 2-25 AD DS 选项

在这里可以看到，安装域时会自动安装 DNS。

（8）接下来会进行先决条件检查，如图 2-26 所示，成功通过后单击"安装"按钮直到完成。

图 2-26 先决条件检查

（9）安装完成重启计算机后，用户可以看到 AD DS 和 DNS 均已安装，如图 2-27 所示。

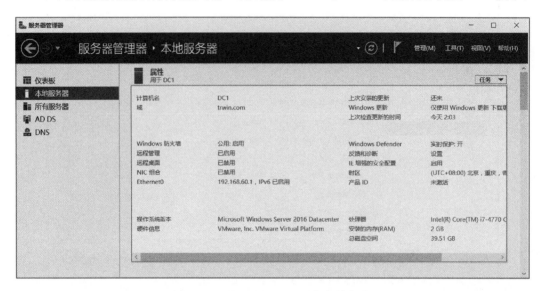

图 2-27   AD DS 和 DNS 服务安装完成

（10）也可以查看 Windows Server 2016 相关的管理工具能否正常打开，打开"Active Directory 用户和计算机"后可以看到创建的 trwin.com 域，如图 2-28 所示。

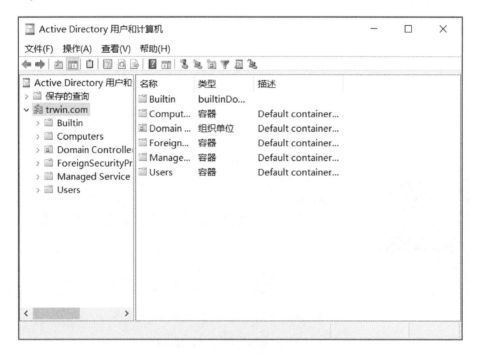

图 2-28   Active Directory 用户和计算机

（11）打开 DNS 管理器可以看到 DNS 的一些记录，如图 2-29 所示。

至此，网络中的第一个域控制器部署完毕。

图 2-29 DNS 记录

2.3.2 验证

如何确定域控制器安装成功,可以通过以下方式来验证,包括检查 DNS 服务器内的 SRV 与主机记录,还有域控制器里的 SYSVOL 文件夹、AD DS 数据库文件等是否建立完成。

1. 检查主机日志

打开 DNS 记录,可以看到域控 DC1.trwin.com 已经正确地将其主机名与 IP 地址注册到 DNS 服务器内(图 2-30)。

图 2-30 主机日志

2. 检查 SRV 日志——使用 DNS 控制台

数据类型为"服务位置（SRV）"的"_ldap"日志，表示 DC1.trwin.com 已经成功地注册为域控制器；"_gc"日志表示 DC1.trwin.com 也扮演全局编录服务器角色（图 2-31）。

图 2-31　SRV 日志

3. 检查 SRV 日志——使用 nslookup 命令

运行 nslookup 命令，输入 set type=srv 后按 Enter 键，将显示 SRV 日志。具体结果表明域控制器 DC1.trwin.com 已经成功地将其扮演的 LDAP 服务器角色注册到 DNS 服务器内。若出现 DNS request timed out 错误信息，表示在 DNS 服务器内没有 DNS 服务器自己的 PTR 日志（须创建在反向查找区域内），如图 2-32 所示。

```
PS C:\Users\Administrator> nslookup
DNS request timed out.
       timeout was 2 seconds.
默认服务器:  UnKnown
Address:  ::1

> set type=srv
> _ldap._tcp.dc._msdcs.trwin.com
服务器:  UnKnown
Address:  ::1

_ldap._tcp.dc._msdcs.trwin.com  SRV service location:
       priority       = 0
       weight         = 100
       port           = 389
       svr hostname   = DC1.trwin.com
DC1.trwin.com   internet address = 192.168.60.1
>
```

图 2-32　使用 nslookup 命令检查 SRV 日志

4. 检查 Active Directory 数据库文件与 SYSVOL 文件夹

打开 Active Directory 数据库文件与 SYSVOL 文件夹。其中 ntds.dit 就是 Active Directory 的数据库文件，edb 就是日志文件，如图 2-33 所示。

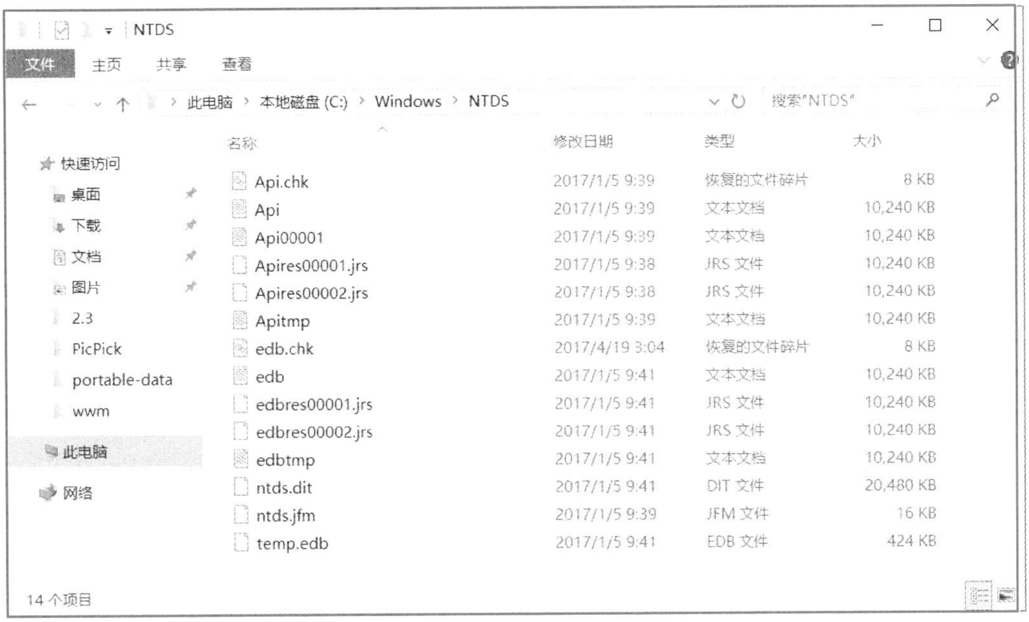

图 2-33　Active Directory 数据库文件

SYSVOL 文件夹下有四个子文件夹，其中的 sysvol 会被设置为共享文件夹，如图 2-34 所示。

图 2-34　SYSVOL 文件夹

5. 查看事件日志文件

在"开始"→"管理工具"→"事件查看器"中可以查看事件日志文件，检查任何与 AD DS 有关的问题（图 2-35）。

至此，域中的第一台域控制器已经安装完毕。

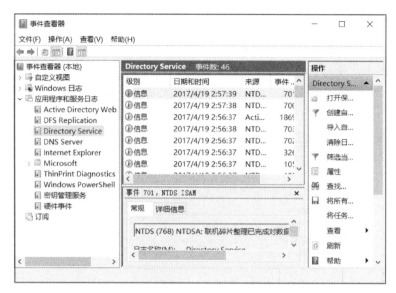

图 2-35   事件日志文件

2.4   创建额外域控制器

基于域的资源分配方式非常高效、灵活，但是如果这个唯一的控制中心（域控制器）损坏了，用户登录时就无法获得令牌了，没有了这个令牌，用户就无法向成员服务器证明自己的身份，用户也将无法访问域中的资源，整个域的资源分配将会崩溃。使用对 AD 数据备份的方法来进行域控制器的灾难重建，是一种常见的处理方式。但是这种方式还存在缺陷，如果域中只有一台域控制器，一旦出现物理故障，即使可以从备份还原 AD，也要付出停机等待的代价，这也就意味着公司的业务将出现停滞，这种情况在企业中通常是不被允许的。因此，需要部署额外域控制器来解决以上问题。

2.4.1   额外域控制器的作用

所谓额外域控制器，是指除第一台域控制器之外的其他域控制器，每个域控制器都拥有一个 Active Directory 数据库。在同一域内安装多台域控制器时，将具有以下优点：

（1）提高用户登录的效率。因为多台域控制器可以同时分担审核用户的工作，因此，可以加快用户的登录速度。当网络内的用户数量较多，或者多种网络服务都需要进行身份认证时，应当安装多台域控制器。

（2）提供容错功能。即使其中一台域控制器出现故障，仍然可以由其他域控制器提供服务，让用户可以正常登录，并提供用户身份认证。

（3）无须备份活动目录。当域内存在不止一台域控制器时，域控制器之间可以相互复制和备份。因此，当重新安装其中的一台 DC 时，备份 Active Directory 并不是必需的，只要将其从域中删除，再重新安装，并使之回到域中，那么，其他 DC 会自动将数据复制到这台 DC 上。也就是说，如果一个域内只有或只剩下最后一台 DC，才有必要而且必须对 Active Directory 进行备份。

（4）在安装额外的域控制器时，需要将活动目录数据库由现有的域控制器复制到这台新的域控制器。

2.4.2　安装额外域控制器

下面利用计算机 DC2 来承担额外域控制器的角色，拓扑如图 2-36 所示，DNS 服务器仍然由一台单独的计算机 192.168.60.2 来承担。

首先在 DC2 上设置 TCP/IP 属性，要确保 DC2 使用的 DNS 服务器是正确的，因为 DC2 要依靠 DNS 服务器来定位域控制器。

（1）在 DC2 上添加"域服务"角色，计算机重命名、IP 设置及域服务器的安装具体步骤可参照 2.3.1 节。

（2）将服务器提升为域控制器，步骤如前，单击域服务安装后出现的惊叹号，如图 2-37 所示，单击"将此服务器提升为域控制器"。

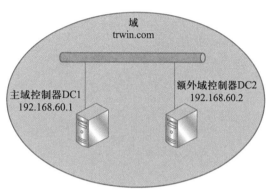

图 2-36　两个域控制器的拓扑图

微课 2-3
安装额外域
的准备工作

微课 2-4
安装额外域
控制器

图 2-37　提升为域控制器

（3）选择"将域控制器添加到现有域"，选择现有域为 trwin.com，并提供域管理员凭据，如图 2-38 所示。

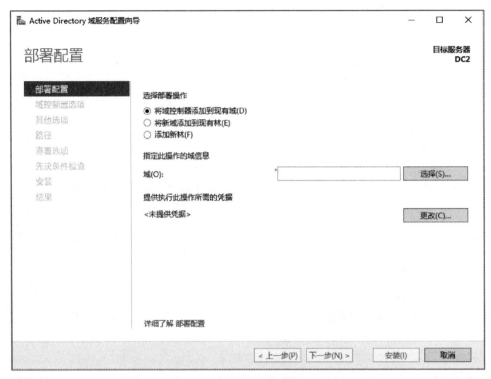

图 2-38   加入现有域

（4）设置此额外域控制器的还原密码，如图 2-39 所示。

图 2-39   设置还原密码

（5）选择复制自第一台域控制器"DC1.trwin.com"，如图 2-40 所示。

图 2-40　复制自主域控制器

（6）设置 AD DS 数据库等文件夹的位置，如图 2-41 所示。

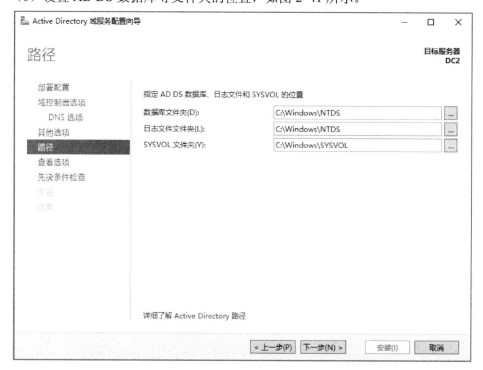

图 2-41　路径

（7）域控制器的安装需要满足一定的条件，检查结果如图 2-42 所示。

图 2-42　先决条件检查

（8）DC2 部署完毕后，打开 DC2 上的 Active Directory 用户和计算机，如图 2-43 所示，可以看到 DC2 已经把 DC1 的 Active Directory 内容复制了过来。

图 2-43　额外域的内容

（9）检查 DNS 服务器，可以看到 DNS 中已经有了 DC2 的 SRV 记录（图 2-44）。

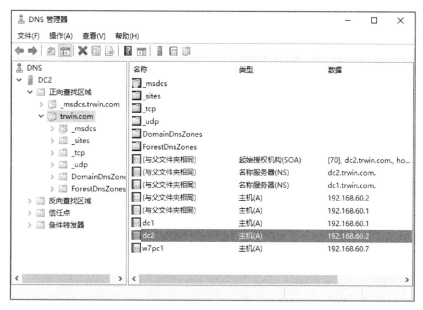

图 2-44 DNS 记录

至此，部署 DC2 作为额外域控制器成功完成。此时，如果关闭主域控制器，额外域控制器也可以同样承担主域控制器的身份验证和资源分配等功能。

注意：主域控制器上承担了 DC 的五大角色，在拥有 rid 角色的主域控制器离线的情况下，无法将计算机加入域。在主域控制器离线后，只要 DNS 继续生效，那么客户端可以继续登录并操作，可以去额外域控制器上进行权限验证操作，但是无法新增账户和同步密码修改操作，以及同步组策略和时间等，因为此任务由 pdc 角色完成。此角色并不会随着主域控制器的离线而自动转移到额外域控制器上，在主域控制器宕机的情况下只能使用 ntdsutil 工具来强行夺取 rid、pdc 和其他三个角色，这样才能保证域控制器继续为客户端服务。

微课 2-5
额外域安装
成功的检查

总结：域中如果有多个域控制器，那么每个域控制器上都拥有 Active Directory 数据库，而且域控制器上的 Active Directory 内容是动态同步的，也就是说，任何一个域控制器修改了 Active Directory，其他的域控制器都要把这个修改作用到自己的 Active Directory 上，这样才能保证 Active Directory 数据的完整性和唯一性。否则如果每个域控制器的 Active Directory 内容不一致，域控制器的权威性就要受到质疑了。

2.5 拓展学习

构建域网络是 Windows Server 服务器管理的基础，域控制器是其中的核心。如果网络中只有一台域控制器，可能会出现网络故障、网络访问速度不够，故在"健壮"的企业网络环境中，至少需要两台域控制器，以保证整个网络访问的正常进行。

公司可能有多个子公司，这时可能需要在各个子公司建立子域，分别管理子公司的各种用户账户和网络服务，读者可以模拟多个子公司建立父子域管理环境。

因为子域与父域是两个不同的域，虽然子域与父域之间有天生的双向传递信任关系，但它们的域控制器间进行活动目录复制时，不会复制活动目录分区中的域分区，而这个分区保存了所有具体域对象的信息，如用户、组、计算机等，域分区只能在所在域的域控制器之间复制。这样，父域的 AD 中根本没有子域中建立的账户的信息，当然就不能验证子域账户的登录了，反之亦然。由于父子域信息同步的问题，可能会导致域网络验证出现问题，并且随着时间的积累，这种错误越来越难以处理，单域多站点是更加推荐的管理方式。

2.6　习题

1．活动目录的功能有哪些？安装活动目录需要具备哪些条件？

2．什么是域控制器？什么是成员服务器？两者有何区别？

3．域管理员在试图删除某个 OU 时，系统提示"没有足够权限删除此 OU"，应该如何解决此问题？

4．在域 sziit.edu.cn 中，有以下计算机。为了使用户陈珂和杨浩可以用邮箱"chenk@sziit.edu.cn"和"yangh@sziit.edu.cn"通信，需要对几个服务器进行设置。请尽可能完整描述配置的过程。计算机名及 IP 地址见表 2-2。

表 2-2　题　4　表

计算机	计算机名	IP 地址
域控制器	dc1	192.168.7.1
DNS	ms1	192.168.7.2
邮件服务器	mail	192.168.7.3

第 3 章 /
用户管理和计算机管理

3.1　项目背景

　　用户必须拥有账户，才能登录到网络并使用网络资源。Windows Server 2016 操作系统要求所有用户都要进行登录才能访问本地和网络资源。Windows 通过实施交互式登录过程（提供用户身份验证）来保护资源，对于域管理而言，只有员工和计算机都加入域，集中管理才成为可能。下面建立如图 3-1 所示的组织单位的网络拓扑图，将计算机加入域，并导入各个部门的用户账户，为实现域管理提供基本条件。

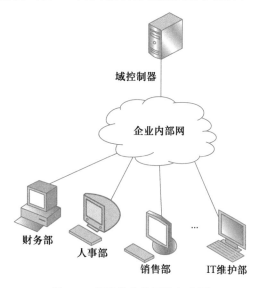

图 3-1　组织单位的网络拓扑图

3.2　域用户管理

　　在 Windows 系统中，用户分为两种类型：本地用户和域用户，分别对应工作组模式和域模式。利用本地用户账户只能登录到本机，并使用网络上工作组中的共享资源。而域用户则可以在域中的任何一台客户端上登录，可以使用域中的网络资源，并接受域控制器的统一管理。在这里只讨论域用户账户。

域用户账户在 AD 中创建一次，就能在域中的工作站上登录并访问网络资源。在计算机网络中，计算机和网络的服务对象是用户，而用户则通过账户来访问计算机或网络上的资源，所以用户也就是账户，所谓的用户管理就是对用户账户的管理。

由于所有的用户账户都集中保存在活动目录中，所以使得集中管理变成可能。同时，一个域用户账户可以在域中的任何一台计算机上登录（域控制器除外），用户可以不再使用固定的计算机。当计算机出现故障时，用户可以使用域用户账户登录到另一台计算机上继续工作，这样也使账号的管理变得简单。

3.2.1   创建域用户

计算机加入域后，需要为企业内的员工在 Active Directory 中创建关联的用户账户。首先应该在 Active Directory 中利用组织单位展示出企业的管理架构，下面演示一下如何创建一个组织单位。

（1）打开 Active Directory 用户和计算机，新建组织单位，如图 3-2 所示。

微课 3-1
添加域用户

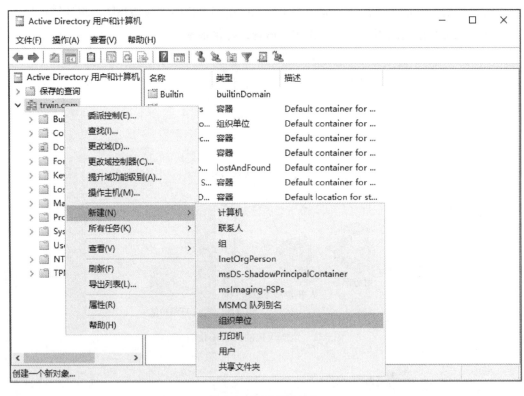

图 3-2   新建组织单位

（2）在弹出的对话框中，填入组织单位的名称，如图 3-3 所示。

（3）单击"确定"，完成组织单位的创建。接着在该组织单位下创建用户，右击该组织单位，在弹出菜单中选择"新建"→"用户"，如图 3-4 所示。

图 3-3 创建组织单位"人事部"

图 3-4 新建用户

（4）输入姓名等，如图 3-5 所示。

（5）输入密码（密码要有一定的复杂度，字母、数字、符号和特殊字符共四种字符中任选三种字符组成，并超过七位），此步骤很重要（图 3-6）。

（6）密码设置完成后，单击"下一步"按钮，确认创建的用户信息（图 3-7），单击"完成"后，完成新用户的添加。

图 3-5　输入用户资料

图 3-6　设置密码

图 3-7　确认用户信息

（7）添加用户后，会在对应的组织单位中出现新添加的用户，如图 3-8 所示。

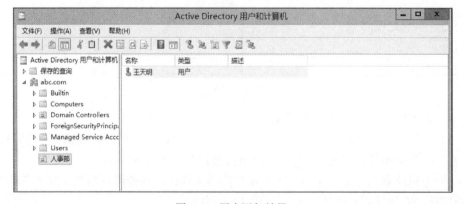

图 3-8　用户添加结果

至此，已经创建了一个域，并在域中创建了用户账户。

3.2.2 管理组账户

组是用户账户的集合，一个组中的成员具有相同的属性，管理员可以通过组来对用户的权限进行统一设置，从而可以高效管理域资源的访问。

在 Windows 系统中内置的本地组有多个，其中较重要的有 Administrators 组和 Users 组。不同组的区别主要在于权限不同，Administrators 组的成员拥有对计算机的完全控制权限，可以创建新的用户，并为其他用户指派权限。该组的默认成员是 Administrator。Users 组的成员可以登录系统，能使用系统里已有的资源，但无法对系统进行调整设置，如无法更改系统时间、不能设置共享等。对于 Windows Server 2003/2008 等网络操作系统，普通用户甚至不能关机。系统中所有后来创建的用户默认都属于 Users 组。

系统管理员如果能够合理利用组来管理用户账户的权限，势必能够减少很多管理负担。例如，针对审计组设置某种权限后，则该部门内的所有成员自动拥有该权限，不需要单独设置每一个用户。创建用户组的方法如下。

（1）在打开的 Active Directory 用户和计算机中，如图 3-9 所示，右击并选择"新建"→"组"。

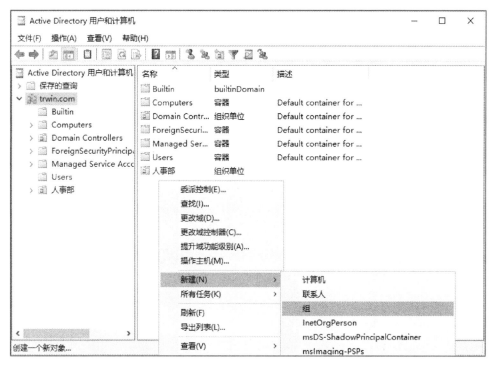

图 3-9　新建用户组

（2）在弹出的对话框中，单击"添加"按钮将用户加入该组，如图 3-10 所示。

（3）添加成功后，可以看到用户组中有新的成员，如图 3-11 所示。

以后如果在该组中加入新成员，双击该组的名称，单击"添加"按钮即可加入。或者选中用户账户，选择隶属于，单击"添加"按钮也可加入用户组。

图 3-10　添加用户　　　　　　　　　图 3-11　组中加入成员

3.3　计算机管理

域环境可以实现对象（包括用户和计算机）的集中管理和部署，在完成了用户的创建之后，接下来创建计算机账户。创建计算机账户就是把成员服务器和用户使用的客户机加入域，这些计算机加入域时会在 Active Directory 中创建计算机账户。

3.3.1　计算机加入域

对于新计算机装好系统以后进行加入域的操作，首选确定需要加入域的计算机是可以访问域控制器的，并且需要加入域的计算机的 DNS 设置成域控制器的 IP 地址。在加入域之前要检查客户端计算机的"TCP/IP NetBIOS Helper"服务为自动且启动。

在新的计算机加入域之前，打开 Active Directory 用户和计算机，可以看到 Computers 里没有任何项目（图 3-12）。

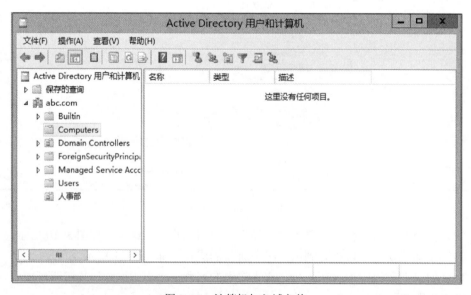

图 3-12　计算机加入域之前

检查完域控制器的情况后，接下来将网络中的普通计算机加入域中，具体过程如下。

（1）修改计算机的 IP 地址，设置 DNS 服务器为域控制器的 IP 地址，如图 3-13 所示。

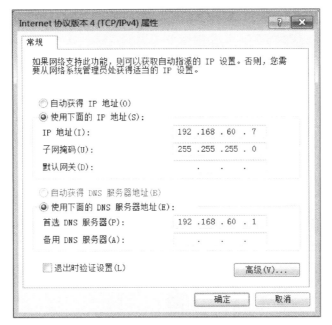

图 3-13　计算机 IP 设置

（2）修改计算机名。在计算机的系统属性中，找到计算机名并更改。计算机名更改后，需要重启计算机方可生效。

（3）加入域。在"计算机名/域更改"对话框中，将原来隶属于"工作组"改为"域"，如图 3-14 所示。

图 3-14　更改域

（4）填入域名 trwin.com 后单击"确定"，弹出"Windows 安全"对话框，由于域控制器的管理员账户 Administrator 有权限将普通计算机加入域。这里输入域控制器的 Administrator 账户的密码（注意，不是 Windows 7 账户的密码），如图 3-15 所示。

图 3-15   域管理员验证

（5）身份验证通过之后，会提示加入域成功（图 3-16）。

（6）还需要重启计算机才能生效（图 3-17）。

图 3-16   提示加入域成功

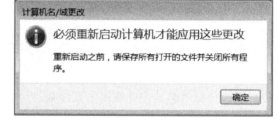

图 3-17   重启计算机

重启完成后，打开域控制器的 Active Directory 用户和计算机下的 Computers，可以看到 W7PC1 已经加入域，如图 3-18 所示。

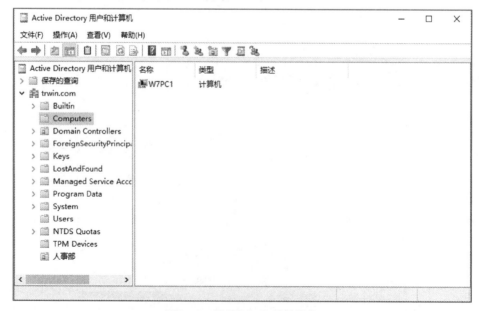

图 3-18   计算机加入域的结果

3.3.2　加入域的计算机登录

一旦计算机加入域之后，除了可以使用本地账户登录，还可以使用域用户账户登录。在登录界面中按 Ctrl+Alt+Del 组合键后，将出现如图 3-19 所示的默认登录界面，其中默认使用本地管理员账户登录。

图 3-19　默认登录界面

如果改用域用户登录，则需要单击头像，单击其他用户，输入域用户的账户和密码，即可登录，如图 3-20 所示。

图 3-20　域用户登录

需要注意地是，账户名前需要加上域名，否则是利用本地账户登录。

3.4 多用户创建与管理

一个公司存在大量的用户，如果利用账户模板的方式一个一个地添加域用户，势必会花费太多的时间。Windows Server 2016 提供了 CSVDE 工具和 DSADD 工具，可以在不影响当前配置的情况下导入、导出 AD 配置信息，也可以将 AD 配置导入一个新安装的 AD 中。

3.4.1 CSVDE 工具

1. CSVDE 语法

CSVDE 全称为 Comma Separated Value Data Exchange，CSV（Comma Separated Value）文件实际上只是一个将数据以逗号分隔的文本文件，使用的语法如下，参数说明见表 3-1。

csvde [-i] [-f <FileName>] [-s <ServerName>]

表 3-1 CSVDE 命令参数说明

参数	说明
-i	指定导入模式。如果未指定，则默认模式为导出
-f <FileName>	标识导入或导出文件的名称
-s <ServerName>	指定执行导入或导出操作的域控制器

2. CSV 文件

CSV 文件包含一行或多行数据，每一行的属性值由逗号分隔。该 CSV 文件的第一行是属性行（有时称为标题），不能分行，一个用户占一行，数据行属性值的顺序应该与属性行的顺序相同，各属性间用半角逗号分隔。各属性的参数含义见表 3-2。

表 3-2 CSV 文件属性说明

参数	说明
Dn	存储路径
ObjectClass	对象种类
SamAccountName	用户登录名称
userPrincipalName	UPN，完整的用户登录名
displayname	显示名称
userAccountControl	是否启用（512）或禁用账户（514）

因为域的密码复杂性要求，而且文本文件中又不能包括密码，所以导入的用户必须处于禁用状态，所以 userAccountControl 的值设置为 514，导入的用户处于禁用状态。512 为启用状态。

如图 3-21 所示的 users.txt 文件是待导入的用户数据文件，文件必须符合 CSV 文件的规范要求。

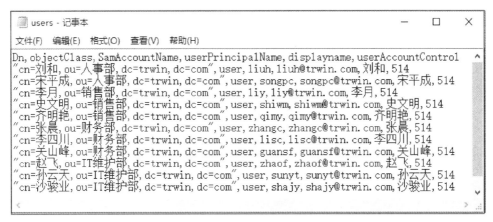

图 3-21　待导入的用户数据文件

在这个文件中，第二行的"cn=刘和,ou=人事部,dc=trwin,dc=com"，是用户 liuh 在 AD 域中的存储位置，其中"cn=刘和"是该用户的名称（Common Name）；"ou=人事部"说明该用户的组织单位（Organizational Unit）为人事部，如果有多级组织单位，应按照由底向上的顺序依次填写，如人事部下招聘组应填写为"ou=招聘组, ou=人事部"；"dc=trwin,dc=com"表示该用户的域（Domain Component）存放在 com 域下的 trwin 子域中，也是按照由底向上的顺序依次填写，如果有多级域，同样应按照由底向上的顺序依次填写，如域名是"sziit.edu.cn"，则后面部分须填写为"dc= sziit,dc= edu,dc= cn"。

3. CSVDE 用户导入实例

在执行 CSVDE 命令之前，首先需要准备用户信息存放的 DC 和 OU，即创建相应的域和组织单位。在上述 CSV 文件中，用于存放用户的 DC 已经存在，而各个 OU 还需要手工创建，组织单位创建的结果如图 3-22 所示。

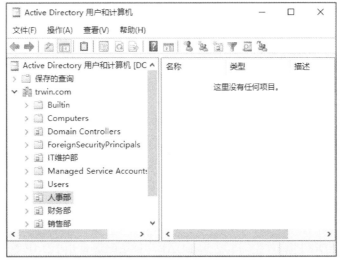

微课 3-3
CSVDE 批
量添加用户

图 3-22　预先准备组织单位

在所有 OU 手工创建完成后，打开 cmd，注意选择管理员模式，在其中输入 csvde -i -f c:\conf\users.txt 即可导入所有的用户数据（图 3-23）。

图 3-23 导入命令

导入成功的结果如图 3-24 所示。

图 3-24 导入成功的结果

此时,新导入的用户处于禁用状态,需要设置密码并启用账户才能正常使用。

3.4.2 DSADD 批量导入用户数据

CSVDE 虽然能够实现用户的批量导入,但是其创建的用户不能设置密码,如果要对这些用户账号设置密码还需要手工操作,自动化程度不高,在实际中更多使用 DSADD命令。DSADD 是 Windows Server 2016 自带的命令行管理工具,如果系统安装了 AD DS或 AD LDS 服务器角色,就可以使用 DSADD 命令来完成工作组、组织单位、用户或计算机等的批量导入。

1. DSADD 语法

在使用 DSADD 之前首先需要了解 LDAP,目录服务使用 LDAP 这个公用协议来查找和定位对象,LDAP 可以描述对象在哪个域、对象在哪个 OU、对象自己的名字。通常它的语法为 "OU=OU 对象, CN=非域非 OU 对象, DC=域对象"。例如 "CN=xd,OU=Sales, OU=gongsi, DC=china, DC=ds"。

DSADD 的主要用法如下。

dsadd computer——将计算机添加到目录。

dsadd contact——将联系人添加到目录。

dsadd group——将组添加到目录。

dsadd ou——将组织单位添加到目录

dsadd user——将用户添加到目录。

其中 dsadd user 的语法如下：

dsadd user UserDN [-samid SAMName] [-upn UPN] [-fn FirstName] [-mi Initial] [-ln LastName] [-display DisplayName] [-pwd {Password | *}] [-memberof Group;...] [-office Office] [-email Email] [-title Title] [-dept Department] [-company Company] [-mgr Manager] [-mustchpwd {yes | no}][-reversiblepwd {yes | no}] [-disabled {yes | no}] [{-s Server | -d Domain}] [-u UserName] [-p {Password | *}] [-q] [{-uc | -uco | -uci}]

部分参数的含义如下。

UserDN：必需，指定要添加的用户的可分辨名称。如果省略可分辨名称，则将从标准输入（stdin）中获取该名称。

-samid SAMName：指定 SAM 名称作为该用户的唯一 SAM 账户名（例如 Linda）。如果未指定，DSADD 将尝试使用 UserDN 的公用名 (CN) 值的至多前 20 个字符创建 SAM 账户名。

-upn UPN：指定要添加的用户的主体名称（例如，Linda@widgets.microsoft.com）。

-fn FirstName：指定要添加的用户的名字。

-mi Initial：指定要添加的用户的中间名首字母。

-ln LastName：指定要添加的用户的姓氏。

-display DisplayName：指定要添加的用户的显示名。

-pwd {Password|*}：指定将用户密码设置为 Password 或 *。如果设置为 *，将提示用户输入密码。

-memberof GroupDN;...：指定希望用户加入的组的可分辨名称。

-office Office：指定要添加的用户的办公室位置。

-email Email：指定要添加的用户的电子邮件地址。

-title Title：指定要添加的用户的称谓。

-dept Department：指定要添加的用户的部门。

-mustchpwd {yes | no}：指定用户是否必须在下次登录时更改其密码（yes 表示必须更改，no 表示不必更改）。默认情况下，用户不必更改密码。

-disabled {yes | no}：指定是否禁用用户账户登录（yes 表示禁用登录，no 表示允许登录）。在默认情况下，启用用户账户登录。

{-s Server | -d Domain}：连接到指定的远程服务器或域。在默认情况下，计算机与登录域中的域控制器相连接。

-u UserName：指定用户要用于登录到远程服务器的用户名。在默认情况下，-u 使用用户登录时的用户名。

  2. DSADD 导入用户实例

  接下来，利用 DSADD 命令在域中批量创建组织单位和用户，具体步骤如下。

（1）准备 CSV 格式的域用户导入文件，见表 3-3。

表 3-3　域用户导入文件

用户名	登录名	密码	姓	名	部门	办公室	电话	职位	电子邮件
汪卫明	wangwm	Win2012	汪	卫明	人事部	203D	13300001111	主管	wangwm@trwin.com
张平安	zhangpa	Win2013	张	平安	人事部	204D	13300001126	成员	zhangpa@trwin.com
黄瑾瑜	huangjy	Win2014	黄	瑾瑜	人事部	205D	13300001141	成员	huangjy@trwin.com
桂荣枝	guirz	Win2015	桂	荣枝	财务部	612A	13300001156	主管	guirz@trwin.com
王辉静	wanghj	Win2016	王	辉静	财务部	612B	13300001171	成员	wanghj@trwin.com
刘君尧	liujy	Win2017	刘	君尧	财务部	613A	15022220001	成员	liujy@trwin.com
刘星明	liuxm	Win2018	刘	星明	财务部	614B	15022220023	成员	liuxm@trwin.com
吴云波	wuyb	Win2019	吴	云波	销售部	503A	15022220045	主管	wuyb@trwin.com
何思文	hesw	Win2020	何	思文	销售部	504A	15022220067	成员	hesw@trwin.com
唐琪	tangq	Win2021	唐	琪	销售部	505A	15022220089	成员	tangq@trwin.com
何成	hec	Win2022	何	成	IT 维护部	814B	18033330047	主管	hec@trwin.com
张金雄	zhangjx	Win2023	张	金雄	IT 维护部	815B	18033330068	成员	zhangjx@trwin.com
李文圭	liwg	Win2024	李	文圭	IT 维护部	816B	18033330089	成员	liwg@trwin.com
郑伟坤	zhengwk	Win2025	郑	伟坤	IT 维护部	817B	18033330110	成员	zhengwk@trwin.com

（2）准备导入组织单位的脚本文件，如图 3-25 所示。

微课 3-4
DSADD 批
量导入用户

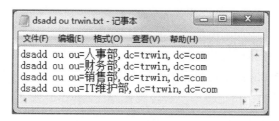

图 3-25　DSADD 组织单位批量导入脚本

（3）复制脚本，在命令提示符中运行脚本，批量导入组织单位，如图 3-26 所示。

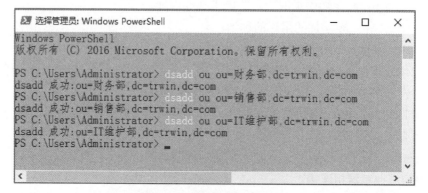

图 3-26　批量导入组织单位

（4）完成之后，会在域中建立对应的组织单位，如图 3-27 所示。

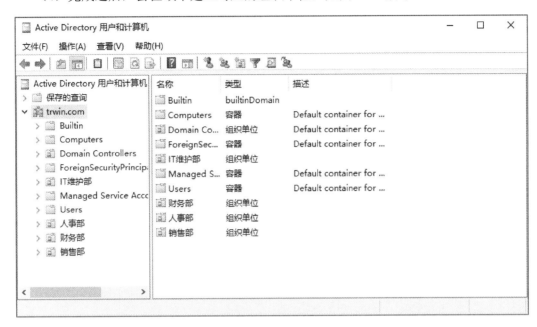

图 3-27 导入组织单位成功

（5）准备 dsadd user 的批处理脚本，dsadd user 脚本实现方法就是通过 for 命令循环执行 dsadd 命令，这个 for 程序体的语句引用 %a 来取得第一个符号，引用 %b 来取得第二个符号，如果文档里有 10 列分别是 1～10 的值，那变量%a 就是第一列，对照 CSV 文件，%a 指代的是用户名，%b 是用户登录名，依此类推，命令行示范如图 3-28 所示。

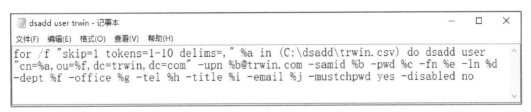

图 3-28 命令行示范

（6）先输入 cmd 进入命令提示符，输入 dsadd user 的批处理脚本后按 Enter 键运行。如果打开的是 PowerShell 窗囗，也需要输入 cmd 进入命令提示符（直接在 PowerShell 执行该批处理脚本会出错）。上述脚本运行的结果是自动遍历 trwin.csv 每一行，并生成 dsadd user 脚本，向域中导入用户数据，如图 3-29 所示。

在图 3-29 所示的命令行窗口中，先是输入批处理命令，此后每一行为该命令自动生成的"dsadd user"脚本，执行正确后会提示"dsadd 成功"，反之则提示"dsadd 失败"。

（7）在该批处理命令完成之后，会在各组织单位创建对应的用户（图 3-30）。

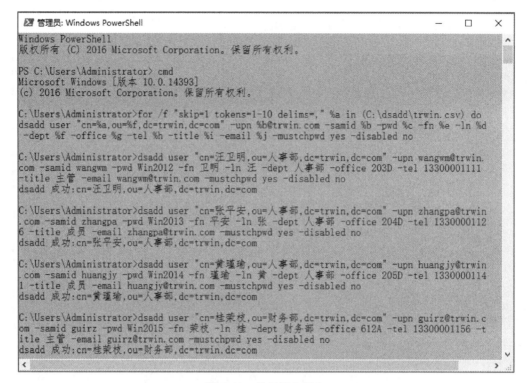

图 3-29　批量导入用户

图 3-30　导入用户成功

通过以上步骤，可以批量创建用户，密码已经设置，用户已经启用。

3.5　拓展学习

域已经成为一个企业的标配，AD 账户的管理也就成为了企业 IT 管理员必不可少的工作，而 AD 账户的批量管理则是企业 IT 管理员必备的技能。域用户账户管理通常会涉及整个公司的用户数据导入，CSVDE 和 DSADD 命令都利用命令行的方式执行，尤其是 DSADD 命令可以方便地进行用户的导入导出，但它们没有图形化界面，不够直观。

读者可以尝试利用 AD 账户批量管理工具 ADBulkAdmin，ADBulkAdmin 就是专为企业 AD 管理员提供的 AD 账户批量管理工具，旨在提高管理员的工作效率，简化管理员的工作，并记录管理员操作到数据库，以备日后有迹可循。

3.6 习题

1. 把一台 Windows 10 计算机加入一个域，需要进行哪些操作？

2. 什么是域用户账号？什么是本地用户账户？二者的主要区别是什么？

3. 利用 DSADD 语句，在已经建立的域中创建本校的所有部门组织单位，并批量导入各个部门的教师和学生。

4. 已知 DN 为：CN=曾婷，ou=11 应用 3-1，DC=sziit，DC=edu，DC=cn，那么，这个 DN 的意义是什么？

4

第 4 章/
组策略部署

组策略部署

PPT

4.1 项目背景

在小型网络中，管理员通常单独管理每一台计算机，每台计算机都是一个独立的管理单元。例如，在每台计算机中都需要为访问它的用户创建用户账户。但当网络规模扩大到一定程度后，如超过 10 台计算机，每台计算机需要有 10 个用户访问，那么管理员就要创建 100 个以上的用户账户，相同的工作就要重复很多遍。虽然可以将用户需要访问的资源集中到某台服务器，但在实际工作中，并不是所有资源都可以很方便地集中在服务器上。此时可以将网络中的计算机逻辑上组织到一起，将其视为一个整体，进行集中管理，这种区别于工作组的逻辑环境叫做 Windows 域，域是组织与存储资源的核心管理单元。

组策略是一种让管理员集中计算机和用户的手段或方法。组策略适用于众多方面的配置，如软件、安全性、IE、注册表等。

4.2 组策略概述

组策略是管理员为计算机和用户定义的，用来控制应用程序、系统设置和管理模板的一种机制。通俗来说，它是介于控制面板和注册表之间的一种修改系统、设置程序的工具。利用组策略可以修改 Windows 系统的桌面、开始菜单、IE 浏览器及其他组件等。

通过在域中实施组策略，管理员可以很方便地管理 Active Directory 中的所有用户和计算机的工作环境，如用户桌面环境，计算机启动/关机与用户登录/注销时执行的脚本文件、软件安装、安全设置等，大大提高了管理员管理和控制用户和计算机的能力。使用组策略管理的好处有：

（1）减少管理成本，因为只需要设置一次，相应的用户或计算机即可全部应用规定的设置；

（2）减少用户单独配置错误的可能；

（3）可以针对特定对象（用户和计算机）实施特定策略。

4.2.1 组策略的功能及架构

1. 组策略主要功能

下面列出了组策略的主要功能。

软件分发：用户登录或计算机启动时，自动为用户安装应用软件、自动修复应用软件或自动删除应用软件。

软件限制：通过各种不同软件限制的规则，来限制域用户只能运行某些软件。

安全设置：配置本地的计算机、域及网络安全性等。

用户工作环境的设定：例如隐藏用户桌面上所有图标，删除"开始"菜单中的"运行"/"搜索"/"关机"等功能，在"开始"菜单中添加"注销"功能等。

文件夹重定向：改变"我的文档""开始"菜单等文件夹的存储位置。

计算机和用户脚本：登录/注销、启动/关机脚本的设定。

其他系统设定：让所有的计算机都自动信任指定的 CA（认证服务器）。

2．组策略基础架构

组策略分为两大部分：计算机配置和用户配置。每一部分都有自己的独立性，因为它们配置的对象类型不同，计算机配置部分控制计算机账户，同样用户配置部分控制用户账户。其中有部分配置在计算机部分及用户部分都有同样的配置，它们是不会跨越执行的。假设某个配置选项你希望计算机账户启用、用户账户也启用，那么就必须在计算机配置和用户配置部分都分别设置。总之计算机配置下的设置仅对计算机对象生效，用户配置下的设置仅对用户对象生效（图 4-1）。

计算机配置：用于管理控制计算机特定项目的策略，包括桌面外观、安全设置、操作系统下运行、文件部署、应用程序分配和计算机启动及关机脚本运行。这些配置应用到特定的计算机上，当该计算机启动后，自动应用设置的组策略。

用户配置：用于管理控制更多用户特定项目的管理策略，包括应用程序配置、桌面配置、应用程序分配和计算机启动及关机脚本运行等。当用户登录到计算机时，就会应用用户配置组策略。

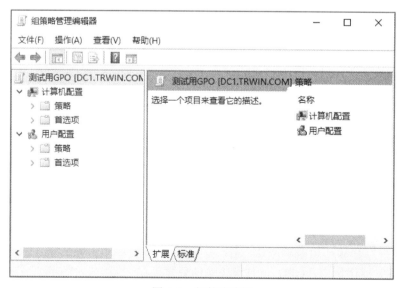

微课 4-1
组策略概述

图 4-1　组策略编辑

3．组策略应用范围

根据应用范围将组策略分为以下三类。

（1）域的组策略：设置对于整个域都生效。在"Active Directory 用户和计算机"窗口中，右击域名并选择"属性"→"组策略"。

（2）组织单位的组策略：设置对于该组织单位（OU）生效。在"Active Directory 用户和计算机"窗口中，右击 OU 名并选择"属性"→"组策略"。

（3）站点的组策略：设置对于该站点生效。在"Active Directory 站点和服务"窗口中，右击站点名并选择"属性"→"组策略"。

注意："运行"中输入 gpedit.msc，启动的是本地组策略，这里讲解"域组策略"，所以必须在"Active Directory 用户和计算机"窗口中操作。

将 GPO 链接到指定的站点、域或 OU，该 GPO 内的设定值就会影响到该站点、域或 OU 内的所有用户与计算机。

可以在域中针对站点、域与组织单位来设置组策略（图 4-2）。除此之外，还可以在每一台计算机上设置本地计算机策略，这个本地策略只会应用到本地计算机与在该计算机上登录的所有用户。

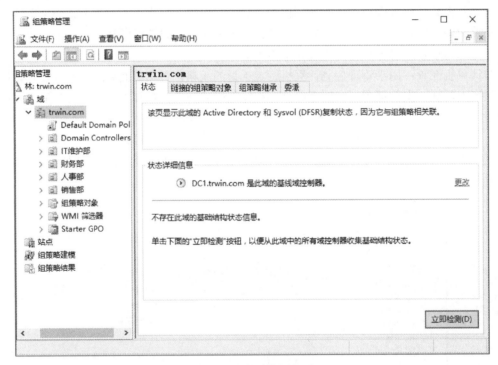

图 4-2　组策略应用级别

4.2.2　组策略对象

组策略设置存储在组策略对象（GPO）中，可以使用组策略管理工具来编辑每个 GPO 的设置。通俗地讲，GPO 就是组策略的载体，在它的内部"装载"了对于计算机和用户的各种配置选项，即"组策略"。

只要将 GPO 链接到制定的站点、域或组织单位，此 GPO 内的设置值就会影响到该站点、域或组织单位内的所有用户与计算机（图 4-3）。

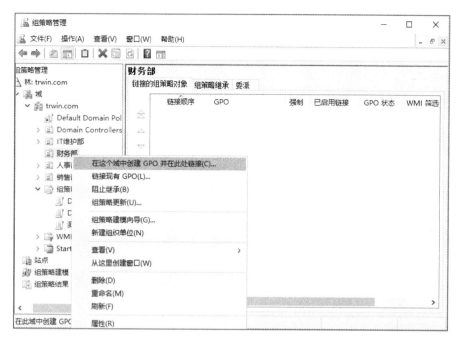

图 4-3 创建并链接组策略

1. 内置的 GPO

AD 域有两个内置的 GPO，分别如下：

（1）Default Domain Policy：此 GPO 默认已经被链接到域，其设置会影响所有的计算机和用户。

（2）Default Domain Controller Policy：此 GPO 默认已经被链接到组织单位 Domain Controller（域控制器），该组织单位默认只包含域控制器的计算机账户。

2. 组策略属性

已经在 trwin.com 域下的组织单位人事部中创建了一个名为"测试用 GPO"的组策略。鼠标选中该 GPO 后，在右侧将显示如图 4-4 所示的信息。

在图 4-4 中，可以看到组策略有 4 个标签页：作用域、详细信息、设置、委派，这些就是用来对 GPO 进行设置的。

1）作用域

第一个标签页是"作用域"。此页分上、中、下三部分，最上面是"链接"，在此处可以选择 GPO 能够在什么位置显示，默认是在所属域中；还可以看到该 GPO 所链接的位置，以及目前的状态是否启用，是否是强制的，路径是什么。这样可以非常直观地了解此 GPO 的状态。在中部，显示"安全筛选"项，此处可以了解此 GPO 作用的对象，并可以添加和删除对象，这些对象包括组、用户和计算机。默认情况下，授权用户这个内置安全主体为授权对象，通过修改此项的设置，可以修改 GPO 的作用对象和范围。最下面是 WMI 筛选，用来配合 Windows 脚本自动定义该 GPO 的作用域。

2）详细信息

第二个标签页是"详细信息"（图 4-5）。在该页中，可以查看该 GPO 的详细信息，包括：所属域、所有者、创建及修改时间，最重要的是用户版本和计算机版本，这两个版本指明了该 GPO 中关于用户配置和计算机配置被更改的次数，以及这种更改在 AD 数据库和 SYSVOL 中的状态，即是否已经被同步到 AD 的数据库中了，还有就是唯一 ID 和 GPO 状态。

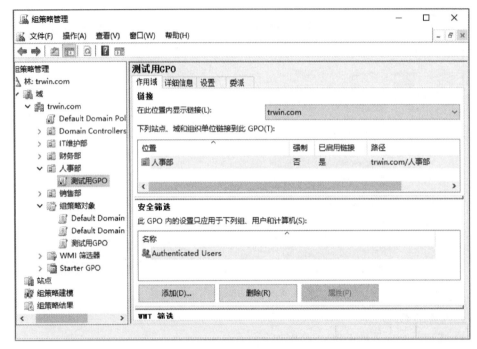

图 4-4 组策略作用域

图 4-5 组策略详细信息

3）设置

第三个标签页为"设置"（图 4-6）。单击"设置"标签页时，系统会搜集该 GPO 的详细配置信息，并在结果集中呈现给用户，以便用户详细了解哪些配置项进行了什么样的配置，并可以将其导出或打印，非常方便。

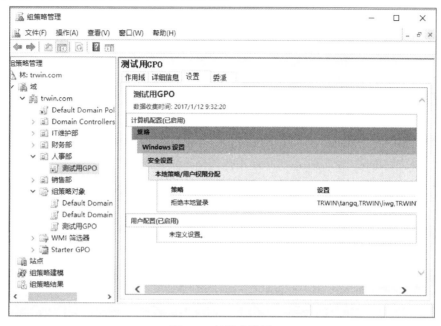

图 4-6　组策略设置

4）委派

第四个标签页是"委派"（图 4-7），熟悉 Windows 管理的用户应该了解这是进行权限配置的地方，类似于 Windows 中的权限设置，在此可以添加用户、组，并为它们设置对于该 GPO 的权限。这里要强调的是，如果想让一个用户应用该 GPO 的配置项，那么最少要给其读取的权限。

图 4-7　组策略委派

4.3 组策略配置

组策略配置包括用户配置与计算机配置。用户配置针对该策略所属组织单位的用户，而计算机配置对所有使用该策略所属组织单位计算机的用户都起作用。

下面用两个实例分别演示 GPO 的用户配置与计算机配置。

4.3.1 用户配置

在默认情况下，Windows 7 用户登录之后，开始菜单中有"音乐"项。域 trwin.com 中有组织单位财务部，为了限制财务部用户使用音乐程序，下面要利用组策略将该组织单位的用户的音乐功能禁用。

微课 4-3
组策略用户
配置

1. 参数设计

由于目前并没有任何 GPO 链接到组织单位财务部，因此需要首先建立一个链接到财务部的 GPO，然后以修改该 GPO 设置值的方式来达到要求。

2. 配置

具体配置过程如下。

（1）展开到组织单位财务部，选中财务部并单击右键，在这个域中创建 GPO 并在此处链接，如图 4-8 所示。

图 4-8 禁用音乐

（2）编辑"禁用音乐"的组策略，选择"用户配置"→"管理模板"→"'开始'菜单和任务栏"，找到"从'开始'菜单中删除'音乐'图标"，如图 4-9 所示。

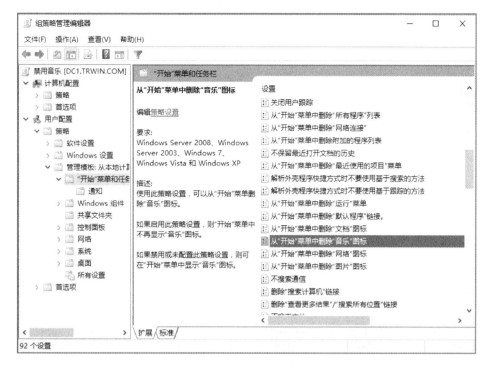

图 4-9　删除音乐图标

（3）在打开的"从'开始'菜单中删除'音乐'图标"对话框中，选择"已启用"，单击"确认"按钮后完成，如图 4-10 所示。

图 4-10　启用删除音乐

（4）选中组策略"禁用音乐"，单击"设置"可以查看该组策略的具体设置内容，如图 4-11 所示。

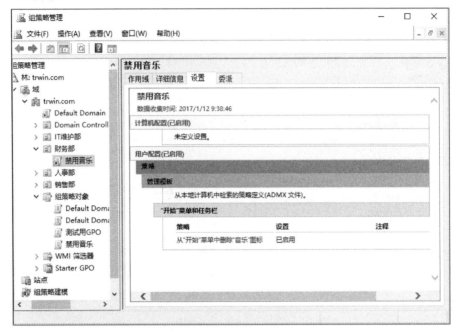

图 4-11　删除禁用音乐详细设置

也可以先新建组策略对象，然后将该 GPO 链接到组织单位财务部，可以达到同样的目的。选中组策略对象，单击右键新建 GPO，然后选中组织单位财务部并右击链接到刚才新建的 GPO。

3．测试

在域内的计算机上登录组织单位财务部下的账号，查看"开始"菜单，从图 4-12 中可以看到"开始"菜单中已经没有"音乐"图标了，这说明该组策略已经在客户端生效。

图 4-12　禁用音乐效果

注意：组策略修改后，需要重启计算机才能使组策略生效，但是使用 gpupdate 命令可以立即刷新组策略使设置生效。如果想让新修改的计算机策略立即生效，在 DOS 命令提示符下，输入字符串命令"gpupdate /target:computer"，按 Enter 键后，新修改的计算机策略将会立即生效；如果想让新修改的用户策略立即生效，只要在 DOS 命令提示符下，执行字符串命令"gpupdate /target:user"即可。如果想使计算机策略和用户策略同时进行更新，需要执行字符串命令"gpupdate"，当然要想立即更新策略的话可用"gpupdate /force"。

4.3.2　计算机配置

组策略的计算机配置是对相关的计算机起作用的策略。系统默认只有域管理员才有权在域控制器的计算机上登录，普通用户无法在域控制器上登录。wangwm 是域中的普通成员，不能登录域控制器，如何修改组策略，使 wangwm 能登录域控制器呢？

1. 任务分析

域中有两个默认的组策略 Default Domain Policy GPO 和 Default Domain Controllers Policy GPO，这个对域控制器的登录限制显然是因为 Default Domain Controllers Policy GPO 的限制。为了让域 trwin.com 中的普通用户可以在域控制器上登录，可以通过修改默认的 Default Domain Controllers Policy GPO 来实现，让普通用户都可以在域控制器上拥有允许本地登录的权限。

微课 4-4
组策略计算
机配置

2. 配置

（1）打开组策略管理下的 Domain Controllers，选择其中的 Default Domain Controllers Policy GPO，右击并选择"编辑"，如图 4-13 所示。

图 4-13　编辑组策略

（2）在打开的组策略中，选择"计算机配置"→"策略"→"Windows 设置"→"安全设置"→"用户权限分配"，选中"允许本地登录"，如图 4-14 所示。

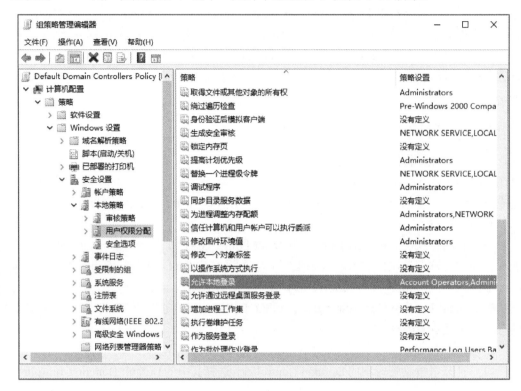

图 4-14　允许本地登录

（3）双击进入"允许本地登录"的属性设置，如图 4-15 所示。

图 4-15　允许本地登录的用户

（4）加入成功后，可以看到 TRWIN\wangwm 用户已经在允许本地登录的列表中，如图 4-16 所示。

图 4-16　已添加用户

3．登录验证

在域控制器上用 wangwm 账号登录，如图 4-17 所示。

图 4-17　域用户登录域控制器

可以发现，该账号能够顺利登录到域控制器。登录成功之后，输入命令 whoami，如图 4-18 所示,可以看到 wangwm 作为一个普通用户成功地登录到 trwin/DC1 域控制器上。

图 4-18　用户信息

4.4　组策略性质

4.4.1　一般的继承与处理规则

可以在组策略管理控制台中将一个或多个 GPO 链接添加到每个域、站点和部门中。在默认情况下,子容器继承链接到 Active Directory 中更高容器(父容器)的 GPO 所部署的设置,这些设置可以与链接到子容器的 GPO 中部署的任何设置结合使用。如果多个 GPO 试图将某个设置设定为有冲突的值,则由具有最高优先级的 GPO 设定该设置。GPO 处理基于最后写入者获胜模型(Last Writer Wins Model),之后处理的 GPO 比之前处理的 GPO 的优先级高。

不同 GPO 中的组策略设置是按下列顺序处理的:本地 GPO(LGPO)→站点 GPO →域 GPO→组织单位 GPO(域控制器是最大的组织单位)→子组织单位 GPO。对于嵌套的组织单位,先处理与父组织单位关联的 GPO,然后再处理与子组织单位关联的 GPO。

此顺序意味着,先处理本地 GPO,最后处理链接到计算机或用户直接所属部门的 GPO;如果最后的 GPO 设置与先前的 GPO 设置有冲突,则它覆盖先前 GPO 中的设置;如果没有冲突,则合并先前和后面的设置。

基于链接顺序,按相反的顺序应用指向特定站点、域或部门的链接。例如,具有链接顺序 1 的 GPO 比链接到该容器的其他 GPO 的优先级都高,如图 4-19 所示。

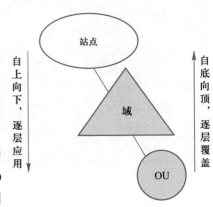

图 4-19　组策略处理规则

（1）本地 GPO：每台计算机都只有一个在本地存储的组策略对象。它可用于本地计算机和用户的组策略处理，由于它最先被应用，在域网络环境中，可能最终是应用最少 GPO 设置的 GPO。

（2）站点 GPO：是指已链接到计算机所属站点的任何 GPO。如果一个站点中链接了多个站点 GPO，则处理顺序是由管理员在 GPMC 中站点的"链接的组策略对象"选项卡中指定的。具有最低"链接顺序"的 GPO 是被最后处理的，因此具有最高的优先级。

（3）域 GPO：多个链接到域上的 GPO 的处理顺序是由管理员在 GPMC 中该域的"链接的组策略对象"选项卡中指定的。具有最低"链接顺序"的 GPO 是被最后处理的，因此具有最高的优先级。

（4）组织单位 GPO：最先处理链接到 Active Directory 层次结构中最高层部门的 GPO，然后处理链接到其子部门的 GPO，依此类推。最后处理的是链接到包含组策略要应用的用户或计算机的部门的 GPO。

下面用实际的例子来说明。在如图 4-20 所示的组策略配置中，培训组虽然本身只链接了一个 GPO——"培训用 GPO"，但它会向上继承来自父容器的组策略，包括域的组策略和人事部的组策略，所以 3 个 GPO 都会影响培训组。在这 3 个组策略中，因为"培训用 GPO"来自本身，位于底层容器，因而有最高的优先级；"人事用 GPO"来自上一级，其优先级为 2；"Default Domain Policy"是域的组策略，位于更上层容器，因而优先级最低。

微课 4-5
组策略的
一般继承

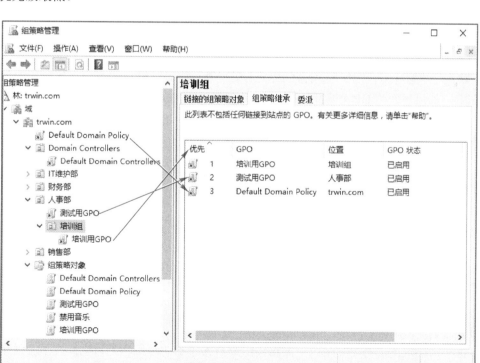

图 4-20　3 个组策略的优先级示例

　　在 Active Directory 层次结构的每个部门级别中，可以链接一个、多个或不链接 GPO。如果几个 GPO 链接到一个部门上，则它们的处理顺序是由管理员在 GPMC 中该部门的"链接的组策略对象"选项卡中指定的，如图 4-21 所示。具有最低"链接顺序"的 GPO 是被最后处理的，因此具有最高的优先级。

图 4-21　组策略的链接顺序

　　以上顺序意味着，先处理本地 GPO，最后处理链接到计算机或用户直接所属的部门的 GPO。如果后面的 GPO 设置与先前的 GPO 设置有冲突，则它覆盖先前 GPO 中的设置；如果没有冲突，则合并先前和后面的设置。在此基础上，计算机的设置优先级高于用户的优先级。

4.4.2　特殊的继承设置

1. 阻止继承策略

　　在默认情况下，下级 OU 会自动继承祖先节点的组策略，如果要限制这种继承，则可以设置让子 OU 不要继承父 OU 的组策略设置，右击子 OU，可以看到有一个"阻止继承"选项，选中"阻止继承"，会拒绝所有上层所下发的组策略。例如让组织单位人事部不继承域的策略设置，右击人事部并选择"阻止继承"，如图 4-22 所示。

　　阻止继承后，组织单位人事部上将会有一个阻止标志 。此时组织单位人事部将不再向上继承，只保留自身 OU 的 GPO，如图 4-23 所示。

　　由于这层阻止，下级的组织单位培训组继承人事部的组策略时，也同样不会继承域的组策略。此时，组织单位培训组的组策略为自身链接的组策略和人事部链接的组策略，如图 4-24 所示。

微课 4-6
组策略的阻止继承与强制继承

图 4-22 组策略阻止继承

图 4-23 阻止继承的组策略结果

图 4-24   阻止继承对下级组织单位的影响

2. 强制继承策略

下级容器可以对上级容器的 GPO 采用阻止继承的操作，或者下级容器设置一个与上级容器相对冲突的 GPO，从而使上级容器的 GPO 不能生效。如何使上级容器的 GPO 强制生效呢？选中需要强制生效的 GPO 并右击，选择"强制"，如图 4-25 所示。

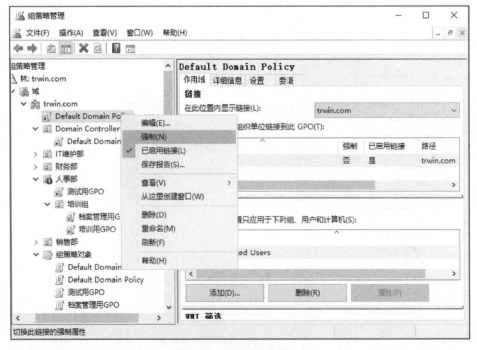

图 4-25   组策略强制继承

当这条组策略强制生效后，会在组策略上显示出强制标志 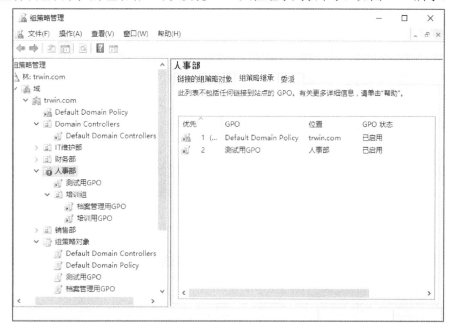，并且会强制下发给任何下层容器中，当强制生效与阻止继承相碰，上层设置了强制生效的策略还是会继承下去的。此时查看该组织单位的组策略，可以发现 GPO 又在继承列表中了，如图 4-26 所示。

图 4-26 强制继承的结果

3. 过滤组策略设置

上面介绍的 GPO 都应用于容器下的所有用户和计算机。如图 4-27 所示，默认被应用到 Authenticated Users 组（经过身份验证的用户与组）。

图 4-27 组策略应用

但实际环境中可能会有这样的需求：财务部的所有普通用户都受 GPO 约束，而财务部主管的账户不受此约束。组织单位内的用户与计算机，在默认情况下，对该组织单位的 GPO 都具备读取与应用组策略权限，可以查看 GPO 的 Authenticated Users 的高级属性，如图 4-28 所示。

图 4-28   组策略过滤设置

上面的需求可以依靠过滤来实现，过滤可以实现阻止一个 GPO 应用于容器内部特定用户和计算机。用户若不想将此 GPO 的设置应用到财务部的桂荣枝，可以在该 GPO 上添加桂荣枝，然后将桂荣枝的应用组策略权限设置为拒绝（图 4-29）。

容器中的用户和计算机之所以受 GPO 的影响，是因为它们对 GPO 拥有读取和应用组策略的权限。如果用户或计算机账户没有读取和应用组策略的权限，组策略将拒绝执行。在这个例子中，财务部下链接了一个财务管理 GPO，桂荣枝作为财务部的一个成员，本来是受这个组策略的影响的，但是由于桂荣枝没有应用组策略的权限，故财务管理 GPO 中的设置无法作用在桂荣枝用户上。

微课 4-7
组策略的
过滤

图 4-29　组策略过滤用户

4.5　拓展学习

　　组策略添加、删除或修改设置时，这些更改默认先被存储到扮演 PDC 模拟器操作主机角色的域控制器，然后再由其复制到其他域控制器，域成员再通过域控制器应用这些策略变动。但若系统管理员在深圳，而 PDC 模拟器操作主机在上海，深圳的员工希望不经过上海的 PDC 模拟器操作主机，直接应用深圳本地的域控制器策略设置，应该如何修改设置来保证组策略的快速应用？

4.6　习题

　　1. 组策略有哪些主要功能？利用组策略管理计算机有哪些优点？

　　2. 什么是 Windows Server 2016 中一般继承和处理规则？当来自父容器的 GPO 设置和来子容器的 GPO 设置冲突时，哪个组策略设置发生作用？

　　3. 组策略特殊的继承设置有哪些？分别有什么特点？

第 5 章 /
组策略应用

组策略应用

PPT

5.1　项目背景

　　trwin 公司要求前台计算机使用带有公司 Logo 的桌面背景，用户不能进行更改，同时公司用户统一安装 Office 等办公软件。管理员小张为每台计算机安装好了各种软件，但是在使用过程中，有些员工的软件出现了错误，并且最近软件版本又有升级，小张需要一一上前处理，小张无法应付这些系统管理的问题，请问有什么方法帮助他完成用户环境和各种软件的集中管理呢？

5.2　组策略应用简介

微课 5-1
组策略应用
概述

　　几乎每个企业都有一个标准化配置来设置新计算机，虽然这个方法简单方便，但企业的标准配置却随时间变化，并且不同部门的人员各自的配置有所不同。利用组策略可以帮助将标准化的配置部署到每台计算机上，并且可以按照部门和人员的不同，进行个性化定制，而且只需要在域服务器统一设置即可，一旦需要变动修改起来也非常方便。

　　组策略在企业中常见的应用如下。

1. 管理计算机与用户环境

　　因为公司内很多员工总是把工作用的计算机的桌面背景改成一些个性很强的图片，从公司的某一个角度看过去，每个显示器所显示的桌面都不一样。公司管理层对此总是不满意，那么就需要 IT 人员去强制把每一个员工的桌面背景统一起来，让来访的客户或参观者看起来企业管理非常有序，企业形象非常强。另外公司对软件的安装和使用可能有特定的使用限制，利用组策略集中管理，可以极大地减轻管理员的工作负担，提供系统管理的效率。

2. 软件部署

　　组策略安装应用程序，为管理员批量部署应用程序提供了一个简单、快捷的方法。例如网络中有 300 台计算机，需要安装应用程序"Adobe Reader 11"，如果单台安装可能需要几个人花费好几个工作日才能完成。通过组策略中的"计算机配置"策略部署软件后，域用户重新启动计算机后出现登录窗口前，将会自动完成应用程序的安装，安装过程完全在后台完成，无须用户参与。

5.3 应用组策略管理计算机与用户环境

接下来通过几个具体设置来演示如何利用组策略来管理计算机与用户环境，如计算机配置的模板策略，用户配置的模板策略，账户策略，用户权限分配策略，安全选项策略、登录/注销、启动/关机脚本。

5.3.1 计算机配置的模板策略

为了防止用户账户被非法入侵，可以在每个用户登录时提示此前登录的情况，可以在计算机配置的模板策略中设置。以人事部为例，新建一个组策略，在"计算机配置"→"策略"→"管理模板"中，选择"Windows 组件"→"Windows 登录选项"，双击右侧的"在用户登录期间显示有关以前登录的信息"，设置为启用。具体组策略配置如图 5-1 所示。

微课 5-2
交互式登录
组策略

图 5-1　计算机配置的模板策略

详细的配置设置如图 5-2 所示。

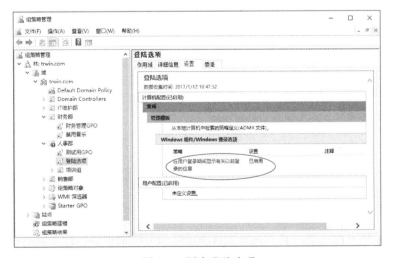

图 5-2　用户登录选项

通过这种设置，用户登录时就会显示用户上次成功、失败登录的日期与时间。

5.3.2　用户配置的模板策略

微课 5-3
组策略管理
设置 Active
Desktop 墙
纸

计算机桌面是企业文化宣传的重要载体，公司进行变革的就是终端计算机的桌面背景，公司要求销售部所有员工使用公司统一的壁纸。这个设置相对来说比较简单，员工自己就会设置，但是员工的计算机操作水平参差不齐，难免有些员工不会设置，另一方面，新入职的员工很难找到背景图片，这个时候就可以求助于组策略，从服务器强行推送，它的策略很简单，具体操作如下。

1. 背景图片共享

在文件服务器上建立一个共享文件夹，用来存放企业文化相关的桌面图片，共享名为 logo，桌面背景的图片为 "logo.jpg"，如图 5-3 所示。

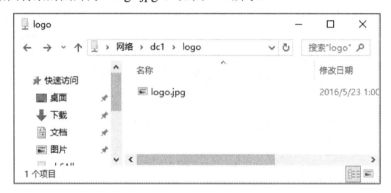

图 5-3　图片共享

2. 新建组策略设置

在需要应用的组织单位中创建该组策略，以销售部为例，组策略如图 5-4 所示。

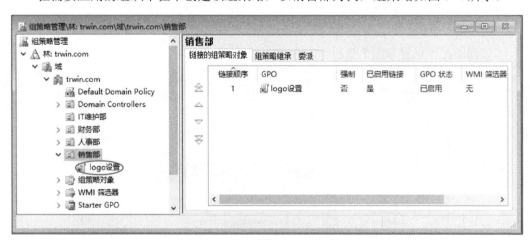

图 5-4　组策略设置

3. 启动 Active Desktop 选项

打开组策略管理工具，找到需要设置组策略的 OU 销售部，打开组策略选项，依次选择 "用户配置"→"策略"→"管理模板"→"桌面"→"桌面"，找到 "启动 Active

Desktop" 选项属性，将其启用，如图 5-5 所示。

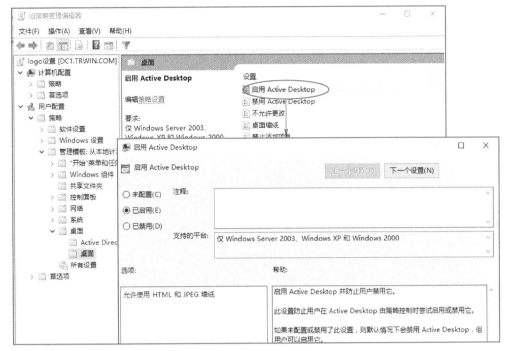

图 5-5　Active Desktop 组策略配置

4. 设置 Active Desktop 墙纸属性

同时，设置 Active Desktop 墙纸属性，注意这个路径一定指向文件服务器的共享文件，如图 5-6 所示。

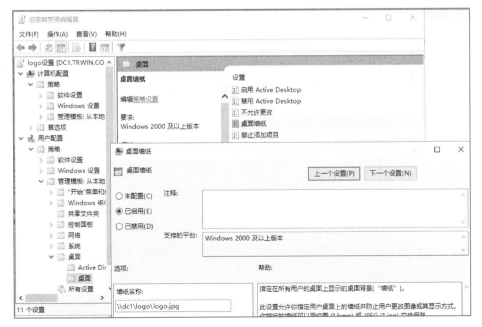

图 5-6　启用桌面墙纸

该策略的详细设置如图 5-7 所示：

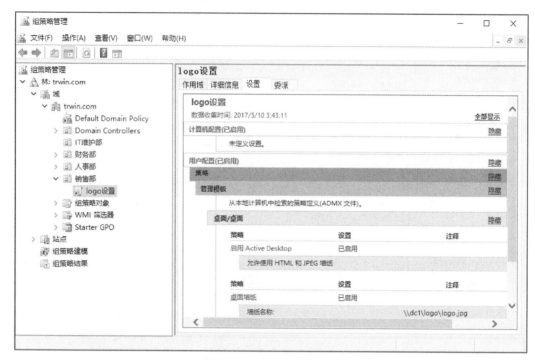

图 5-7   组策略详细设置

5．登录验证

用销售部的任意员工账号登录，即可查看桌面墙纸的变化，效果如图 5-8 所示。

图 5-8   桌面墙纸应用效果

通过这种组策略设置，可以集中管理用户的桌面环境，减少系统管理员的参与程度，极大地提高系统管理和维护的效率。

5.3.3　账户策略

在网络管理工作中，由于密码泄露而导致的安全性问题比较突出，黑客在攻击网络系统时也把破解管理员密码作为一个主要的攻击目标。下面通过组策略里的"账户策略"设置，来提高账户密码的安全级别。账户策略主要分为两部分：密码策略和账户锁定策略。

可在域级别上应用所有的账户策略组策略设置。需要注意的是，在 Microsoft Active Directory 中设置这些策略时，Windows Server 2016 仅允许一个域账户策略——应用于域树根域的账户策略，域账户策略将成为属于该域的任何 Windows 系统的默认账户策略。当为组织单位（OU）定义了另外一个账户策略时，OU 的账户策略设置将只会影响到该 OU 中任何计算机上的本地账户，而不影响该 OU 上的域用户。

当然，为了实现对域中不同人员采用不同的密码策略，Windows Server 2016 也提供了一种实现机制，需要使用密码设置对象（PSO）来实现多元密码策略。

要设置域账户策略，打开组策略管理工具，可以选择 Default Domain Policy GPO 并找到账户策略，如图 5-9 所示。

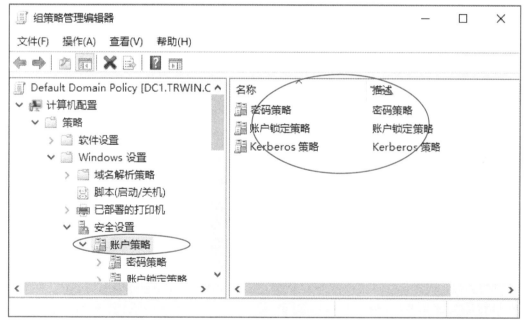

图 5-9　编辑账户策略

主要包括以下两种账户策略。

1. 密码策略

选择密码策略就可以设置，如图 5-10 所示。

密码策略的规范如下。

1）密码必须符合复杂性要求

如果启用此策略，密码必须符合下列最低要求。

● 不能包含用户的账户名，不能包含用户姓名中超过两个连续字符的部分。

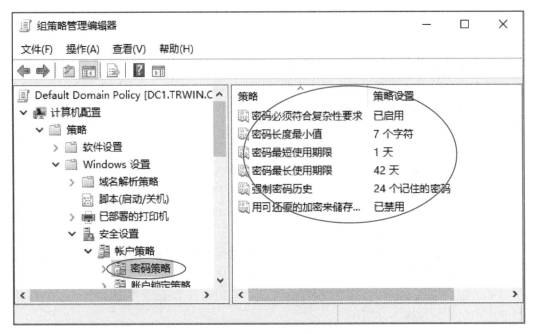

图 5-10   密码策略

- 至少有 6 个字符长。
- 包含以下四类字符中的三类字符。
- 英文大写字母（A 到 Z）；
- 英文小写字母（a 到 z）；
- 10 个基本数字（0 到 9）；
- 非字母字符（例如!、$、#、%）。

在更改或创建密码时执行复杂性要求。

按照图 5-10 所示的密码策略设置，Win2016 和 win@123 都是符合规范的密码，而 win2016 只包含英文小写字母和数字，则不满足至少包含三类字符的要求，不能作为用户的密码。

2）密码长度最小值

此安全设置确定用户账户密码包含的最少字符数。可以将值设置为介于 1 和 14 个字符之间，或者将字符数设置为 0 以确定不需要密码。

3）密码最短使用期限

此安全设置确定在用户更改某个密码之前必须使用该密码一段时间（以天为单位）。可以设置一个介于 1 到 998 天之间的值，或者将天数设置为 0，允许立即更改密码。

4）密码最长使用期限

此安全设置确定在系统要求用户更改某个密码之前可以使用该密码的期间（以天为单位）。可以将密码设置为在某些天数（介于 1 到 999 之间）后到期，或者将天数设置为 0，指定密码永不过期。如果密码最长使用期限介于 1 和 999 天之间，密码最短使用期限必须小于密码最长使用期限。如果将密码最长使用期限设置为 0，则可以将密码最短使用期限设置为介于 0 和 998 天之间的任何值。

5）强制密码历史

此安全设置确定再次使用某个旧密码之前必须与某个用户账户关联的唯一新密码数。该值必须介于 0 和 24 之间。此策略使管理员能够通过确保旧密码不被连续重新使用来增强安全性。

2. 账户锁定策略

账户锁定是指在某些情况下（账户受到采用密码词典或暴力破解方式的在线自动登录攻击等），为保护该账户的安全而将此账户进行锁定，在一定时间内不能再次使用此账户，从而挫败连续的猜解尝试。具体设置如图 5-11 所示。

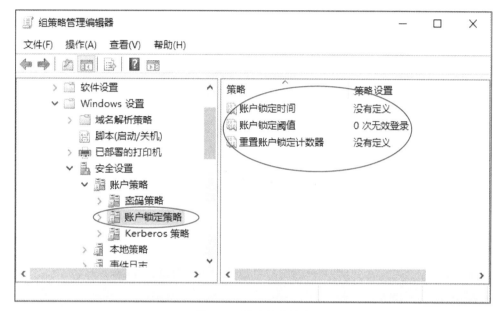

图 5-11　账户锁定策略

账户锁定策略主要参数如下。

1）账户锁定时间

此安全设置确定锁定账户在自动解锁之前保持锁定的分钟数，可用范围为 0 到 99 999 分钟。如果将账户锁定时间设置为 0，账户将一直被锁定直到管理员明确解除对它的锁定。如果定义了账户锁定阈值，则账户锁定时间必须大于或等于重置时间。

2）账户锁定阈值

此安全设置确定导致用户账户被锁定的登录尝试失败的次数。在管理员重置锁定账户或账户锁定时间期满之前，无法使用该锁定账户。可以将登录尝试失败次数设置为 0 到 999 之间的值。如果将值设置为 0，则永远不会锁定账户，只能由管理员手动解锁。

3）重置账户锁定计数器

此安全设置确定在某次登录尝试失败之后将登录尝试失败计数器重置为 0 次错误登录尝试之前需要的时间，可用范围是 1 到 99999 分钟。

5.3.4　用户权限分配策略

用户权限分配可以限制某些用户或用户组的行为，例如可以限制普通用户修改系统时间，拒绝本地登录，拒绝网络访问，甚至可以对管理员用户的行为进行限制。以 Default Domain Policy GPO 为例，详细设置如图 5-12 所示。

图 5-12　用户权限分配策略

下面列出了一些常用的用户权限分配中的安全策略。

1. 关闭系统

确定哪些在本地登录到计算机的用户可以使用关机命令关闭操作系统。

2. 更改系统时间

确定哪些用户和组可以更改计算机内部时钟上的日期和时间。

3. 允许本地登录

确定哪些用户可以登录到该计算机。

4. 从网络访问此计算机

默认情况下任何用户都可以从网络访问计算机，可以根据实际需要撤销某用户或某组账户从网络访问计算机的权限。

5. 拒绝从网络访问这台计算机

如果某些用户只在本地使用，不允许其通过网络访问此计算机，就可以在此策略的设置中加入该用户。

6. 从远程系统强制关机

允许哪些用户从网络上的远程位置关闭计算机。

5.3.5　安全选项策略

可以通过如图 5-13 所示的安全选项来启用计算机的一些安全设置，图中以计算机管理用的 GPO 为例。

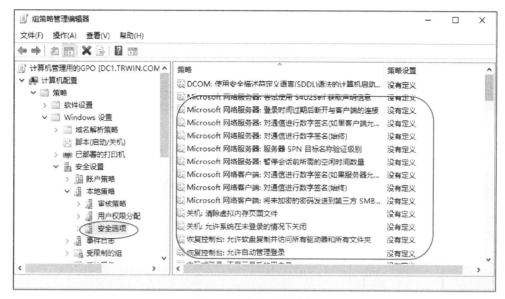

图 5-13　安全选项策略

下面列举了几个常用的安全选项策略。

1．关机：允许系统在未登录的情况下关闭

它用来设置是否可以在不登录 Windows 的情况下关闭计算机。如果启用了此策略，Windows 登录屏幕上的"关机"命令可用。如果禁用了此策略，Windows 登录屏幕上不会显示关闭计算机的选项。在这种情况下，用户必须能够成功登录到计算机并具有关闭系统的用户权限，才可以关闭系统。

2．交互式登录: 不显示最后的用户名

该安全设置确定是否在 Windows 登录屏幕中显示最后登录到计算机的用户的名称。

3．交互式登录: 计算机账户阈值

此策略设置确定可导致计算机锁定的失败登录尝试次数。锁定计算机后，只能通过在控制台中提供恢复密钥来恢复。可以将此值设置为 1 到 999 次之间。如果将此值设置为 0，计算机将永不锁定。1 到 3 之间的值将被解释为 4。

4．账户：使用空密码的本地账户只允许进行控制台登录

此安全设置确定未进行密码保护的本地账户是否可以从物理计算机控制台之外的位置登录。

5．交互式登录：无须按 Ctrl+Alt+Del

该安全设置确定用户是否需要按 Ctrl+Alt+Del 组合键才能登录。如果在计算机上启用此策略，则用户无须按 Ctrl+Alt+Del 组合键便可登录。不必按 Ctrl+Alt+Del 组合键会使用户易于受到企图截获用户密码的攻击。用户登录之前须按 Ctrl+Alt+Del 组合键可确保用户输入其密码时通过信任的路径进行通信。

5.3.6　登录/注销、启动/关机脚本

可以在域用户登录时，系统就自动执行登录脚本，而当用户注销时，就自动运行注

销脚本；另外，启动脚本在开机启动时执行，关机脚本在关机时自动执行。下面以登录
脚本为例演示如何设置自动运行的脚本。

微课 5-4
组策略管理
登录脚本

登录脚本是在用户登录时自动运行的脚本。下面利用文件 logon.vbs 脚本文件来介绍
登录脚本。先利用记事本建立该文件，文件内部有一条命令，此命令会输出一行文字，
如图 5-14 所示。

在部署脚本相关的组策略之前，可以双击执行该脚本文件，测试脚本的执行情况。
如图 5-15 所示，脚本能够正常运行，说明脚本文件本身没有语法错误。

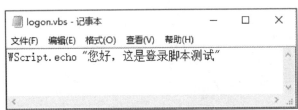

图 5-14 登录脚本内容

图 5-15 登录脚本测试

下面利用组织单位维护部的管理计算机用的 GPO 进行演示。

（1）单击"服务器管理"→"工具"→"组策略管理"，打开组织单位维护部的管
理计算机用的 GPO 进行编辑。

（2）打开"用户配置"→"策略"→"Windows 设置"→"脚本（登录/注销）"，双
击右侧的登录，在弹出的"登录 属性"页面单击"显示文件"按钮，如图 5-16 所示。

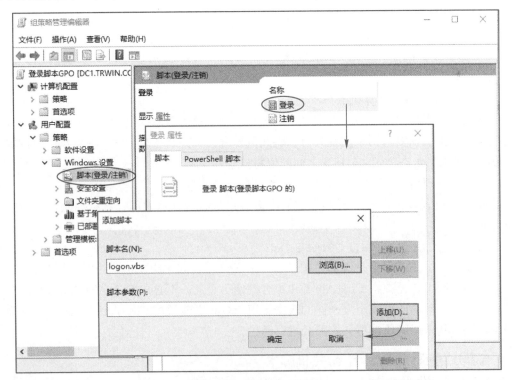

图 5-16 登录脚本的设置

（3）将准备好的登录脚本 logon.vbs 输入，这个文件夹位于域控制器的 SYSVOL 文件夹内。

（4）在完成登录脚本的设置后，利用维护部的用户账号登录，就可看到登录脚本的运行结果，如图 5-17 所示。

图 5-17　登录脚本的运行结果

可以按照类似的方式设置注销脚本、关机脚本，需要注意的是，关机脚本一定要能够自己结束。如果关机脚本以 pause 结束，则会使计算机一直停留在"正在执行关机脚本"处，并且由于得不到用户交互而不得不强行关机，可能会损伤硬盘。

5.4　软件部署

安装和维护软件对于从事 IT 行业的人来说是日常的工作，也是一件特别耗时的工作。技术的不断发展同时也带动着软件的频繁更新，随着版本升级将软件卸了又装，装了又卸。一两台机如果采用手动进行安装相信不是件难事，但是当面对几十、成百上千甚至更多的客户端要同时安装或者更新软件时，采用手动操作可想而知是件耗时又费力的事。通过组策略为企业内部用户和计算机部署软件，也就是为这些用户安装、维护与删除软件，可以很方便地解决这些问题。

5.4.1　软件部署概述

部署分为两种方式：分配（Assign，又译为指派）和发布（Publish）。一般情况下，这些软件应为 Windows Installer Package（MSI 应用程序），即扩展名为.msi 的安装文件。

微课 5-5
软件部署的
基本概念

可以将软件分配给用户或分配给计算机，但是只能发布给用户。

1. 将软件分配给用户

当将一个软件通过组策略的 GPO 指派给域内的用户后，则用户在域内的任何一台计算机登录时，这个软件都会被"通告"给该用户，但这个软件并没有真正被安装，而只是安装了与这个软件有关的部分信息。只有用户单击"开始"菜单的应用程序快捷键或与应用程序关联的文件类型时，软件才开始自动安装，这样可以节省硬盘空间和时间。

例如部署的"通告"程序为 Microsoft Excel，当用户登录后，其计算机会自动将扩展名为.xls 的文件与 Microsoft Excel 关联在一起，此时用户只要双击扩展名为.xls 的文件，系统就会自动安装 Microsoft Excel。

2. 将软件分配给计算机

当给计算机分配软件时，不会出现通告。在这些计算机启动时，这个软件就会自动安装在这些计算机里，而且是安装到公用程序组内，也就是安装到 Documents and Settings\All Users 文件夹内。任何用户登录后，都可以使用此软件。

3. 将软件发布给用户

当将一个软件通过组策略发布给域内的用户后，该软件不会自动安装到用户的计算机内，用户需要通过以下方式来安装这个软件。

执行操作："开始"→"控制面板"→"添加或删除程序"→获得程序。

例如，假设这个被发布的软件为 Microsoft Excel，虽然在 Active Directory 内会自动将扩展名为.xls 的文件与 Microsoft Excel 关联在一起，可是在用户登录时，其计算机不会自动将扩展名为.xls 的文件与 Microsoft Excel 关联在一起，也就是对此计算机来说，扩展名为.xls 的文件是一个"未知文件"，不过只要用户双击扩展名为.xls 的文件，其计算机就会通过 Active Directory 得知扩展名为.xls 的文件与 Microsoft Excel 关联在一起，因此会自动安装 Microsoft Excel。

4. 自动修复软件

发布或分配的软件，在客户端安装完成后，如果此软件程序内有关键的文件损坏、遗失或被用户不小心删除，系统会自动检测到此不正常现象，并且会自动修复、重新安装此软件。

5. 删除软件

一个被发布或分配的软件，在用户将其安装完成后，如果不想再让用户使用此软件，只要将该程序从 GPO 内发布或分配的软件清单中删除，并设置下次用户登录或计算机启动时，自动删除这个软件即可。

5.4.2　将软件发布给用户

软件发布给用户，在设置之前，应该首先准备共享的安装程序，需要注意地是，这些文件一定共享为域内可以访问的文件夹中，具体配置过程如下。

（1）在域内任一主机上创建一个用于存放安装程序的文件夹。用户或计算机需要安装的软件源程序都放在此文件夹里。简单起见，文件存放在域控制器的 C:\Software 目录中。

（2）将新建的文件夹设置为共享，共享路径为\\DC1\software，并将共享权限和 NTFS 权限都设置为 Everyone 可以读取，如图 5-18 所示。通常将该共享设置为隐藏共享。

图 5-18 软件共享

（3）将测试用的安装程序 cosmo1 复制到共享目录，如图 5-19 所示。

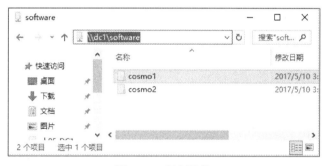

图 5-19 复制软件

（4）设置软件默认的存储位置。在域控制器上打开组策略管理控制台，右击选择财务部 OU，创建组策略软件发布 GPO。

图 5-20 组策略软件安装

（5）编辑软件部署策略，依次展开节点至用户配置下的软件安装（图 5-20）。找到该节点后，修改其属性，设置程序数据包的位置，如图 5-21 所示。

图 5-21   程序数据包的位置

（6）新建数据包，找到目标软件，如图 5-22 所示。

图 5-22   新建数据包

（7）部署方法设置为"已发布"，如图 5-23 所示。

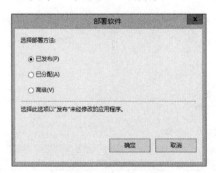

图 5-23   选择部署方法

（8）单击"确定"按钮后，完成组策略设置，详情如图 5-24 所示。

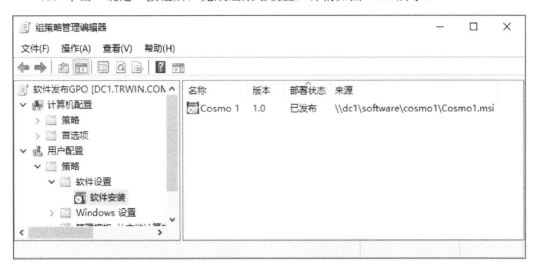

图 5-24　软件发布配置

至此，发布过程结束。下面测试发布后的结果。

（9）使用财务部 OU 内的某个账户在 Windows 7 上登录，检查测试结果。本例中使用的是名为 zhangc 的账户。用户要使用刚才发布的程序，可以从控制面板里寻找（图 5-25），双击即可开始安装。

图 5-25　软件发布测试

（10）使用其他 OU 内的用户登录，由于没有部署软件则不会安装软件，如销售部测试结果如图 5-26 所示。

图 5-26   销售部测试结果

总之，无论用户在哪台主机上登录，只要用户账户在这个组织单位内，都可以按照软件部署策略获得所需的软件。

5.4.3   软件分配

微课 5-7
软件分配给
用户

1. 软件分配给用户

软件通过组策略发布给某些用户后，当其中某个用户在域内的任一主机上登录时，这个软件都会被通告给该用户，但软件并未完成安装。只有用户自己运行该软件，或启动文件时，该软件才会被安装。发布是自由选择，用户有选择余地，而分配是强制性的。禁用 5.4.2 节中设置的软件部署策略，然后重新设置一个策略，通过分配的方式部署软件 cosmo1.msi，如图 5-27 所示。

2. 软件分配给计算机

当软件通过组策略分配给域中的客户机后，这些客户机在启动时就会自动安装这个软件，而且任何用户登录都可以使用该软件。

将客户机的计算机移动到财务部的 OU 内，下面针对这个 OU 设置软件部署策略。

（1）禁用财务部 OU 中此前软件部署的组策略。继续修改财务部 OU 的策略，通过"计算机配置"里的软件安装部署软件，方法只有"分配"可选，如图 5-28 所示。

图 5-27　分配软件给用户

图 5-28　软件分配给计算机

（2）软件策略设置完成后，在计算机上通过 gpupdate/force 刷新策略，在客户机 Windows 7 上检查是否有结果。如没有发现软件，则检查客户机是否被包含在财务部 OU 中，域管理员需要将客户机放置到财务部 OU 内，如图 5-29 所示。

（3）在"开始"菜单里，将显示与被分配的软件有关的信息。

图 5-29　计算机加入 OU

5.4.4　软件升级与重新部署

在软件部署后，可能需要修改它。必须能够维护或升级用户的软件确保他们拥有最新的版本。所以维护部署的软件主要是升级布置的软件以及重新布置软件。

1. 软件升级

部署的软件可以进行强制升级或可选升级。强制升级用于强迫用户升级到当前最新的版本。可选升级用于允许用户同时使用一个程序的两个版本。

（1）像 cosmo1 一样分配 cosmo2，如图 5-30 所示。

图 5-30　cosmo2 软件分配

（2）在部署软件对话框中，选择高级选项，然后在高级选项对话框中单击"升级"标签。

（3）单击"添加"按钮。在"添加升级数据包"对话框中，选择要升级的包，然后再选择数据包的来源，以便进行可选升级。单击"确定"按钮完成设置，如图 5-31 所示。

（4）刷新组策略后，用 OU 中的用户在域中进行登录以便验证是否设置成功，部署成功后，会自动升级 cosmo1 到 cosmo2。

图 5-31 软件升级组策略

2. 重新部署

一个已经部署的软件，如果之后软件厂商发布了 Service Pack（服务包）或修补程序，或者已经部署的软件因为各种原因导致无法正常运行时，则可以通过重新部署来恢复软件的正常使用。

（1）更新已有的软件包。如果是 MSI 程序，则直接替换即可。如果是扩展名为.msp 的修补文件，则需要用以下的命令来更新软件包：

msiexec /p .msp 文件的路径与文件名 /a .msi 文件的路径与文件名

（2）完成软件包的更新后，选择"所有任务"→"重新部署应用程序"，即可完成操作，如图 5-32 所示。

图 5-32 重新部署软件

5.5   拓展学习

MSI 应用程序可以通过组策略软件部署给用户或计算机，如果是非 MSI 应用程序，则需要重新封装软件方可进行。读者可以尝试寻找一些软件或工具，将 EXE 或其他格式的应用程序封装成 MSI 应用程序。

5.6   习题

1. 简述软件分配和软件发布的区别。

2. 在软件部署中，出现了没有权限访问目标软件的情况，原因是什么？应该如何解决？

3. 在组策略编辑器中，在"计算机配置"和"用户配置"中部署软件有什么不同？

第 6 章 / 动态主机配置协议

动态主机配置协议

PPT

6.1 项目背景

在同一个网络中两台以上的计算机使用相同的 IP 地址，就会产生 IP 地址冲突。一旦发生了 IP 地址冲突，会对用户使用网络资源带来很多不便，甚至无法正常使用网络。其主要原因是手工分配的失误和 IP 地址管理不善。对于普通水平的工作站用户不能赋予他们配置自己的工作站网络的权限，而且也没有这个必要。如果一个没有相应技术水平的用户出于好奇或想学习一下的目的错误地更改了工作站的网络配置，造成网络故障，后果不言而喻。因此，需要有一种机制来让 TCP/IP 的配置和管理从用户端转移到网络管理端，实现 IP 的集中式管理。另外，在一个大型局域网内，要分别为计算机分配和设置 IP 地址、子网掩码、网关等也是一个巨大的工作量。Windows Server 2016 动态主机配置协议（DHCP）服务的应用，能大大提高 IP 地址管理的工作效率，减少发生 IP 地址故障的可能性。

6.2 DHCP 概述

6.2.1 DHCP 服务概述

微课 6-1
DHCP 概述
与工作原理

DHCP（Dynamic Host Configure Protocol，动态主机配置协议）是一个简化主机 IP 地址分配管理的 TCP/IP 标准协议。网络管理员可以利用 DHCP 服务器动态地为客户端分配 IP 地址及其他相关的环境配置。TCP/IP 网络上的每台计算机都必须有唯一的 IP 地址，IP 地址及与之相关的子网掩码可以标识主机及其连接的子网。如果将计算机移动到不同的子网，则必须更改 IP 地址。DHCP 允许用户通过本地网络上的 DHCP 服务器的 IP 地址数据库为客户端动态指派 IP 地址。

DHCP 服务为管理 TCP/IP 的网络提供了以下优点：

（1）提高效率。计算机将自动获得 IP 地址信息并完成配置，代替了手工配置的繁重工作，并且减少了由于手工配置而可能出现的错误，极大地提高了工作效率。

（2）便于管理。当网络使用的 IP 地址段改变时，只需要修改 DHCP 服务器的 IP 地址池即可，而不必逐台修改网络内的所有计算机地址。

（3）节约 IP 地址资源。在 DHCP 系统中，只有当 DHCP 客户端请求时才由 DHCP 服务器提供 IP 地址，而当计算机关机后，又会自动释放该地址。通常情况下，网络内的计算机并不都同时开机，因此，较少的 IP 地址也能够满足较多计算机的需求。

6.2.2   DHCP 服务的工作过程

当 DHCP 客户端启动时，会向网络中的 DHCP 服务器请求获得 IP 地址。DHCP 服务器收到请求后，从其地址数据库中选择一个 IP 地址提供给客户端计算机。客户端计算机可使用这个 IP 地址与网络中的其他计算机进行通信。

DHCP 服务器是以租约的形式为客户端提供 IP 地址的，租约的默认时间为 8 天。默认情况下，客户端计算机在 8 天时间内都可以使用这个地址，当租约到期后，客户端可以续订租约，以保证客户端计算机能够在网络中正常通信。

DHCP 服务的主要工作过程如下。

1. 租约生成过程

DHCP 服务通过 4 个步骤将 IP 地址信息租用给 DHCP 客户端，如图 6-1 所示。

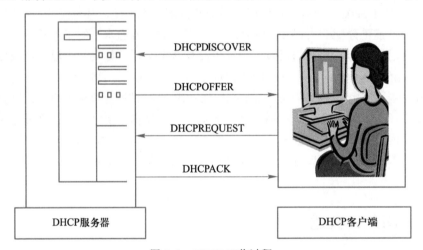

图 6-1   DHCP 工作过程

1）寻找 DHCP Server

当 DHCP 客户机第一次登录网络时，也就是客户机上没有任何 IP 地址数据时，它会通过 UDP 67 端口向网络上发出一个 DHCPDISCOVER 数据包，包中包含客户机的 MAC 地址和计算机名等信息。因为客户机还不知道自己属于哪一个网络，所以封包的源地址为 0.0.0.0，目标地址为 255.255.255.255，然后再附上 DHCPDISCOVER 的信息，向网络进行广播。

DHCPDISCOVER 的等待时间预设为 1 秒，也就是当客户机将第一个 DHCPDISCOVER 封包送出去之后，在 1 秒之内没有得到回应的话，就会进行第二次 DHCPDISCOVER 广播。若一直没有得到回应，客户机会将这一广播包重新发送四次（以 2, 4, 8, 16 秒为间隔，加上 1~1000 毫秒随机长度的时间）。如果都没有得到 DHCP Server 的回应，客户机会从 169.254.0.0/16 这个自动保留的私有 IP 地址中选用一个 IP 地址，并且每隔 5 分钟重新广播一次，如果收到某个服务器的响应，则继续 IP 租用过程。

2）提供 IP 地址租用

当 DHCP Server 监听到客户机发出的 DHCPDISCOVER 广播后，它会从那些还没有租出去的地址中，选择最前面的空置 IP，连同其他 TCP/IP 设定，通过 UDP 68 端口响应给客户机一个 DHCPOFFER 数据包，包中包含 IP 地址、子网掩码、地址租期等信息。此时还是使用广播进行通信，源 IP 地址为 DHCP Server 的 IP 地址，目标地址为 255.255.255.255。同时，DHCP Server 为此客户保留它提供的 IP 地址，从而不会为其他 DHCP 客户分配此 IP 地址。

由于客户机在开始的时候还没有 IP 地址，所以在其 DHCPDISCOVER 封包内会带有其 MAC 地址信息，并且有一个 XID 编号来辨别该封包，DHCP Server 响应的 DHCPOFFER 封包则会根据这些资料传递给要求租约的客户。

3）接受 IP 租约

如果客户机收到网络上多台 DHCP 服务器的响应，只会挑选其中一个 DHCPOFFER（一般是最先到达的那个），并且会向网络发送一个 DHCPREQUEST 广播数据包（包中包含客户端的 MAC 地址、接受的租约中的 IP 地址、提供此租约的 DHCP 服务器地址等），告诉所有 DHCP Server 它将接受哪一台服务器提供的 IP 地址，所有其他的 DHCP 服务器撤销它们的提供以便将 IP 地址提供给下一次 IP 租用请求。此时，由于还没有得到 DHCP Server 的最后确认，客户端仍然使用 0.0.0.0 为源 IP 地址，255.255.255.255 为目标地址进行广播。

事实上，并不是所有 DHCP 客户机都会无条件接受 DHCP Server 的 OFFER，特别是如果这些主机上安装有其他 TCP/IP 相关的客户机软件。客户机也可以用 DHCPREQUEST 向服务器提出 DHCP 选择，这些选择会以不同的号码填写在 DHCP Option Field 里面。客户机可以保留自己的一些 TCP/IP 设定。

4）租约确认

当 DHCP Server 接收到客户机的 DHCPREQUEST 之后，会广播返回给客户机一个 DHCPACK 消息包，表明已经接受客户机的选择，并将这一 IP 地址的合法租用以及其他的配置信息都放入该广播包发给客户机。

客户机在接收到 DHCPACK 广播后，会向网络发送三个针对此 IP 地址的 ARP 解析请求以执行冲突检测，查询网络上有没有其他计算机使用该 IP 地址；如果发现该 IP 地址已经被使用，客户机会发出一个 DHCPDECLINE 数据包给 DHCP Server，拒绝此 IP 地址租约，并重新发送 DHCPDISCOVER 信息。此时，在 DHCP 服务器管理控制台中，会显示此 IP 地址为 BAD_ADDRESS。

如果网络上没有其他主机使用此 IP 地址，则客户机的 TCP/IP 使用租约中提供的 IP 地址完成初始化，从而可以和其他网络中的主机进行通信。

2. DHCP 租约续订

租约就是 DHCP 分配给客户端的 IP 地址的使用期限，到一定的时间后，服务器要收回这个 IP 地址，需要重新分配，如果租约设置过长，就会出现 IP 地址已经分配完的假象。

比如，DHCP 的网段在 192.168.1.100～192.168.1.200，租约如果设置过长，就会出现 IP 已经分配完的现象，新加入的计算机无法再从服务器获取地址了，为什么会出现这种情况呢?假如，租约设置为 100 天，在这 100 天内，如果计算机没有变动那没什么问题，如果更换一批计算机的网卡，新换上的网卡就有获取不到 IP 的问题，因为租约没有到期，换下的网卡仍然占着 IP,服务器没有收回已经发放出去的 IP,导致服务器没有可用的 IP 分配,这样客户机就不能获取 IP 了。

1)自动租约续订

当租约时间达到租约期限的 50% 时,DHCP 客户端自动尝试续订租约。此时客户端直接向 DHCP 服务器发送一条 DHCPREQUEST 消息报文。如果 DHCP 服务器可用,则此服务器将续订租约并向客户端发送一条 DHCPACK 消息,此消息包含新的租约期限和一些更新配置参数。客户端收到确认后就自动更新配置。

如果 DHCP 服务器没有响应,则客户端将继续使用当前的配置参数。当租约时间间隔到总租约的 87.5% 时,客户端会广播一条 DHCPDISCOVER 消息来寻找网络中可用的 DHCP 服务器。这时客户端会接收网络中任何一台 DHCP 服务器的响应,获得 IP 地址,并重新配置客户端的网络参数。

2)手动租约续订

如果要立刻续订 DHCP 配置信息,则可以手动续订,续订方法有两种。

① 命令方式:在命令提示下输入 ipconfig/renew 即可更新。也可以先使用 ipconfig/release 释放现有 IP 配置,然后使用 ipconfig/renew 重新获得 IP 配置。

② 图形方式:在"本地连接 状态"对话框中,单击"修复"按钮,如图 6-2 所示。

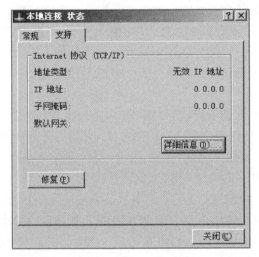

图 6-2　手动租约续订

6.3　DHCP 服务器的配置与管理

6.3.1　安装 DHCP 服务

配置 DHCP 服务器的 IP 为 192.168.60.10,GW 为 192.168.60.1,DNS 为 192.168.60.1,修改计算机名为 s1,加入域,安装 DHCP 服务。

(1)单击"添加角色和功能",单击"下一步"按钮,直到出现"选择目标服务器",如图 6-3 所示。

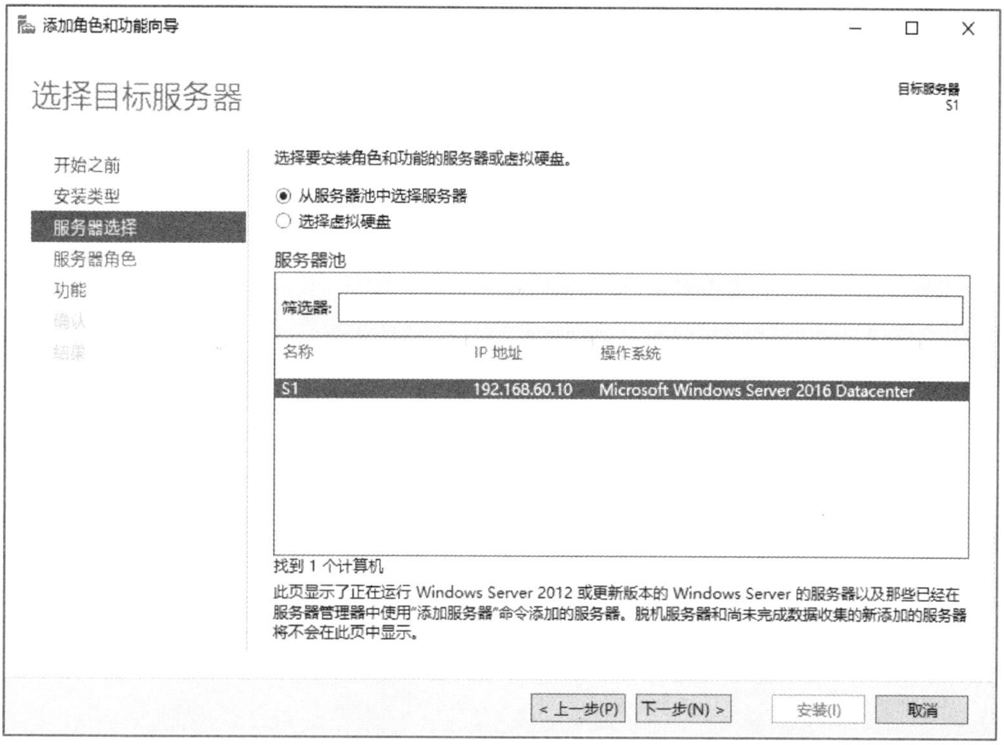

图 6-3 选择目标服务器

（2）服务器角色选择“DHCP 服务器”，如图 6-4 所示。

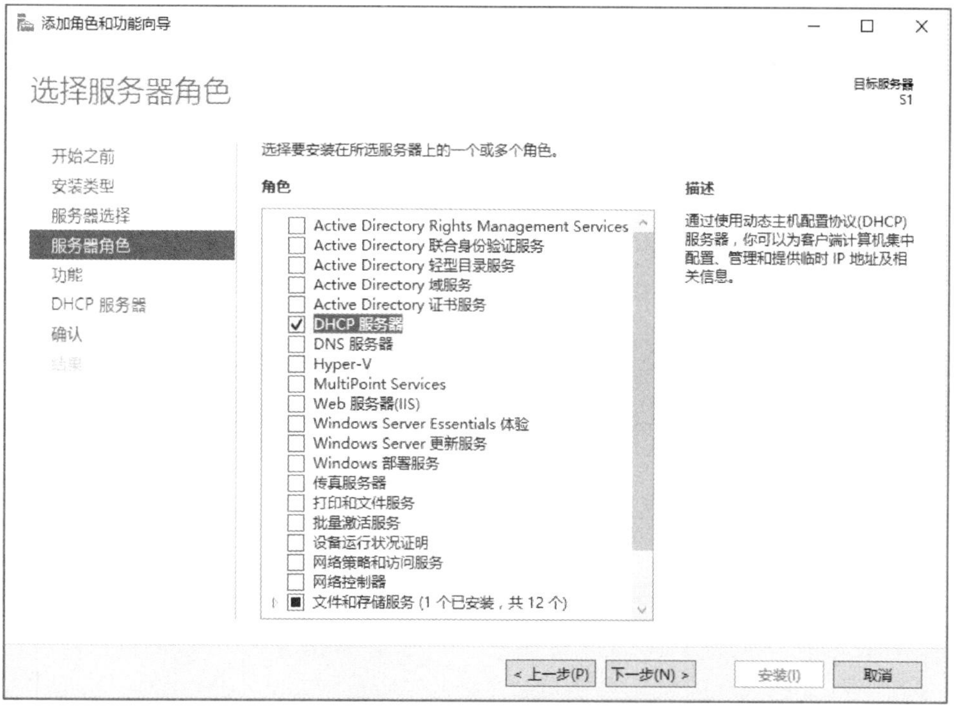

图 6-4 选择 DHCP 服务器

（3）单击"安装"按钮，安装完成后，单击上方黄色的惊叹号，选择"完成 DHCP 配置"，如图 6-5 所示。

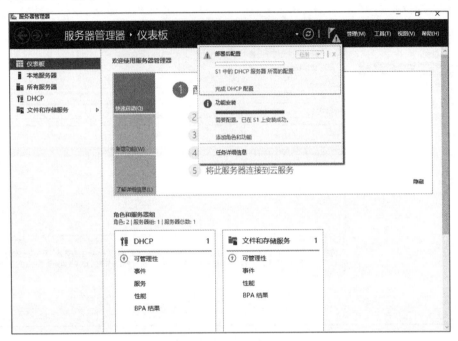

图 6-5 配置 DHCP

（4）对 DHCP 服务器进行授权与 DHCP 安全组配置，单击"提交"按钮后完成，如图 6-6 所示。

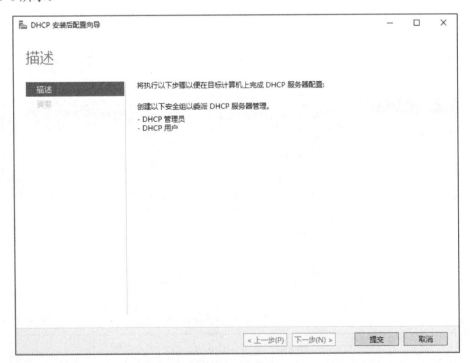

图 6-6 完成配置

6.3.2 创建和管理作用域

IP 作用域是一个 IP 子网中所有可分配的 IP 地址的连续范围。在 DHCP 服务器内必须设置一个 IP 作用域。当 DHCP 客户端向 DHCP 服务器请求 IP 地址时，DHCP 服务器就可以从该作用域内选择一个尚未分配的 IP 地址，并将其分配给该 DHCP 客户端。在一个 DHCP 服务器中，可以包含多个作用域，每个作用都包含不同的 IP 地址信息。作用域创建完成以后，可以根据网络需求更改 IP 地址范围、租用服务器期限等，也可以配置作用域的各种选项，如路由器、DNS 服务器、WINS 服务器等。

（1）在服务器管理器的工具中，打开 DHCP 管理器，如图 6-7 所示。

图 6-7　DHCP 管理器

（2）新建作用域的方法如图 6-8 所示。

图 6-8　新建作用域

　　（3）单击"下一步"按钮，进入新建作用域向导，设置作用域名称，这里可以设置为网段的信息，如图 6-9 所示。

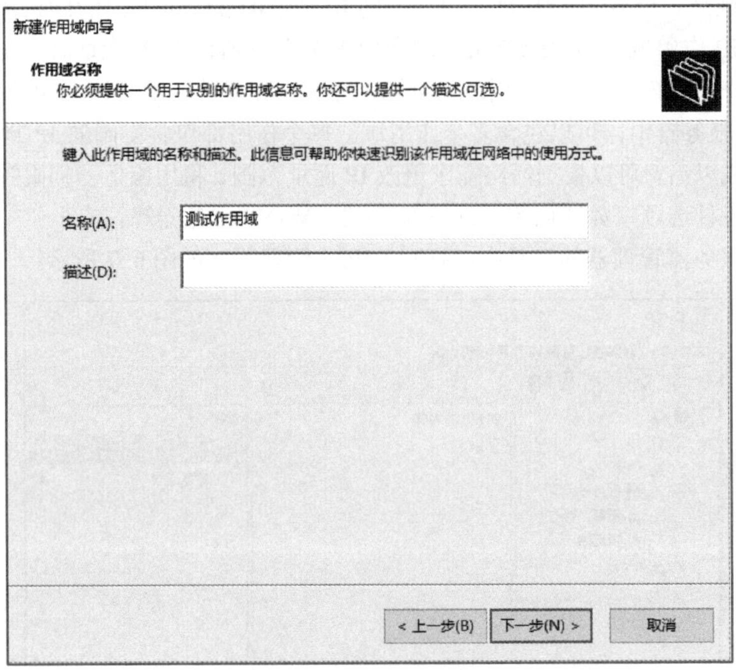

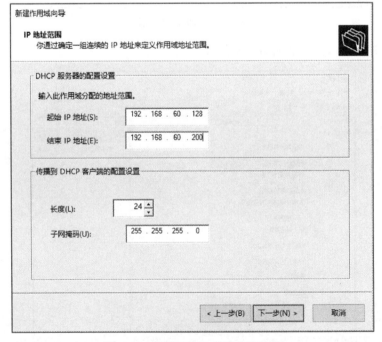

图 6-9　设置作用域名称

　　（4）配置 DHCP 分配地址范围，如图 6-10 所示。

图 6-10　配置 DHCP 分配地址范围

（5）设置排除地址，如图 6-11 所示。

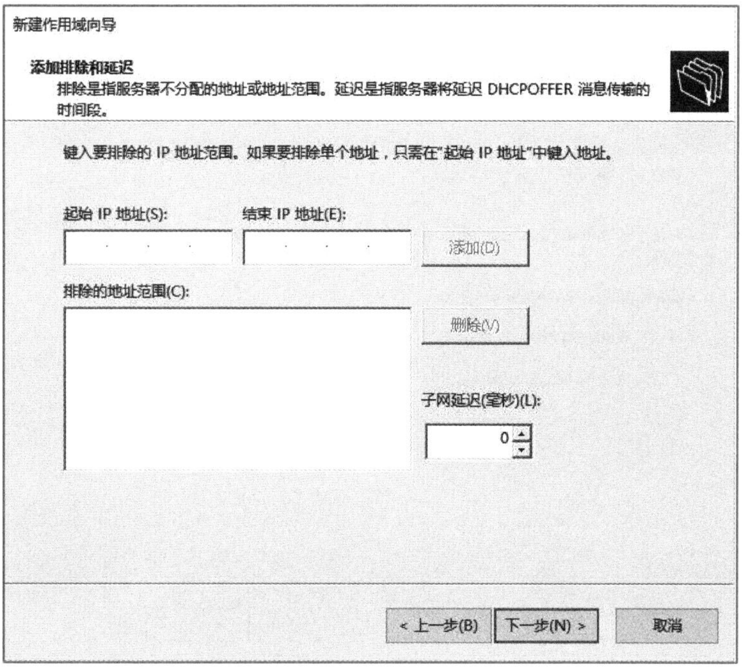

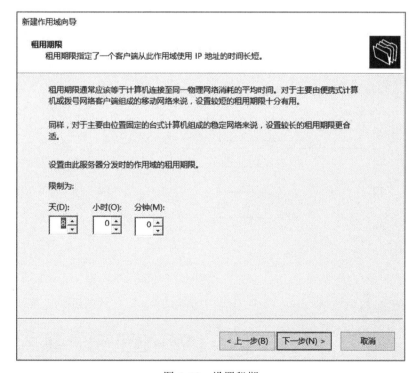

图 6-11　设置排除地址

（6）设置租期，默认为 8 天，如图 6-12 所示。

图 6-12　设置租期

（7）配置 DHCP 选项（网关、DNS、域名），如图 6-13 所示。

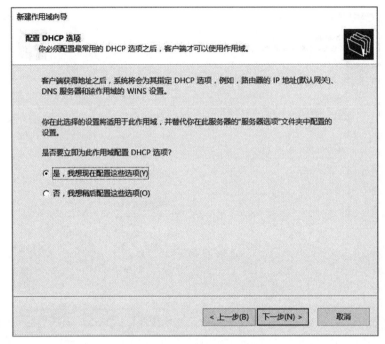

图 6-13   配置 DHCP 选项

（8）设置默认网关地址为 192.168.60.1，单击"添加"按钮，如图 6-14 所示。

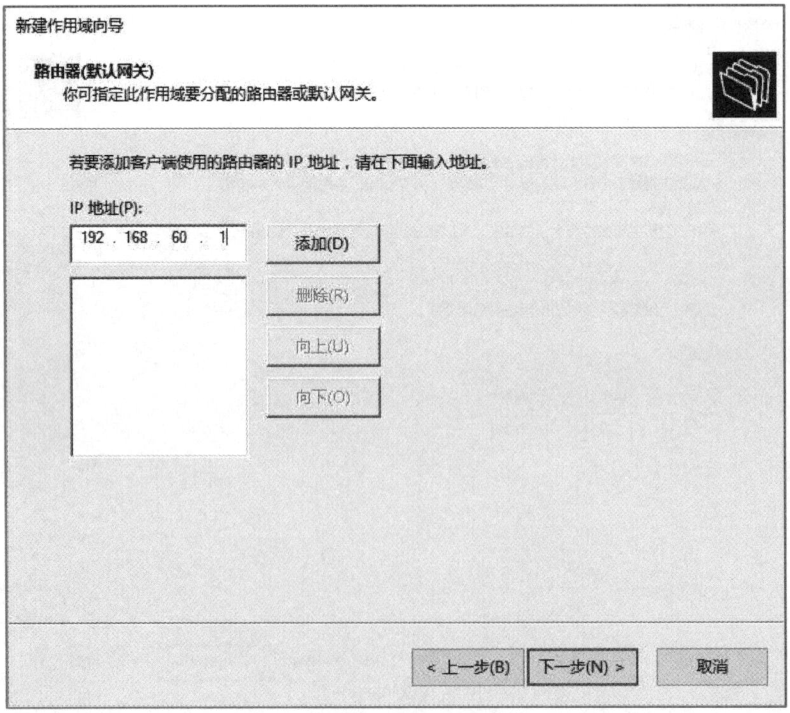

图 6-14   设置默认网关

（9）设置域名称与 DNS 服务器，如图 6-15 所示。

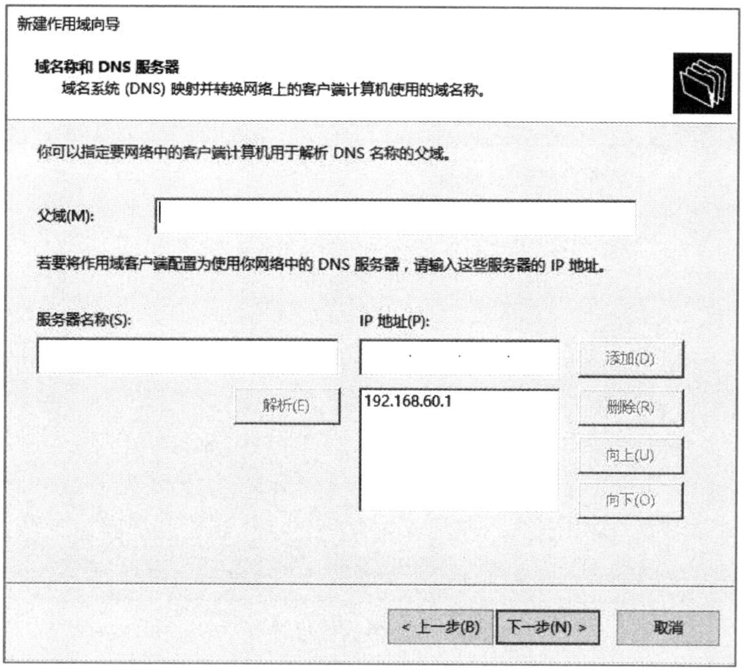

图 6-15 设置域名称与 DNS 服务器

（10）设置 WINS 服务器，如图 6-16 所示。

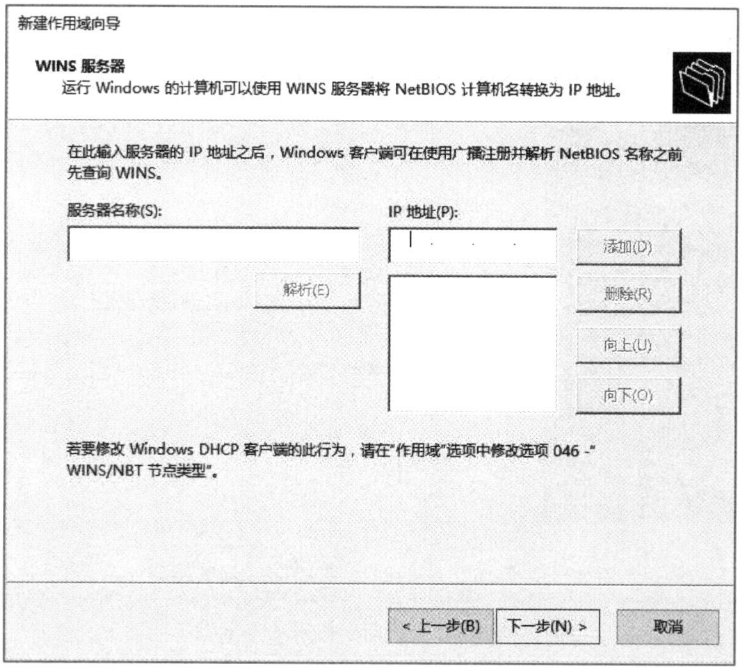

图 6-16 设置 WINS 服务器

（11）激活作用域，如图 6-17 所示。

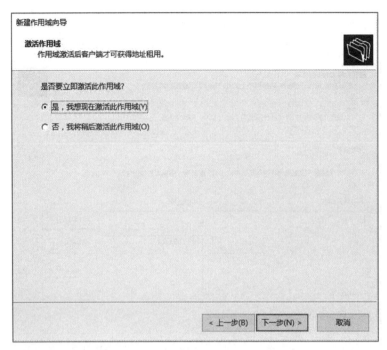

图 6-17 激活作用域

（12）完成新建作用域向导，如图 6-18 所示。

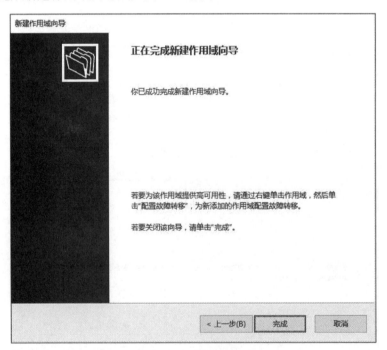

图 6-18 完成新建作用域向导

至此，完成了 DHCP 作用域的创建，网络中的计算机可以从配置的地址池中获取 IP
地址。

6.3.3　配置 DHCP 客户端

（1）在控制面板中选择"网络和 Internet"选项，单击"网络连接"，选择"本地连接"，打开"本地连接 属性"对话框，打开 Internet 协议属性对话框，选择"自动获得 IP 地址"和"自动获得 DNS 服务器地址"，如图 6-19 所示。

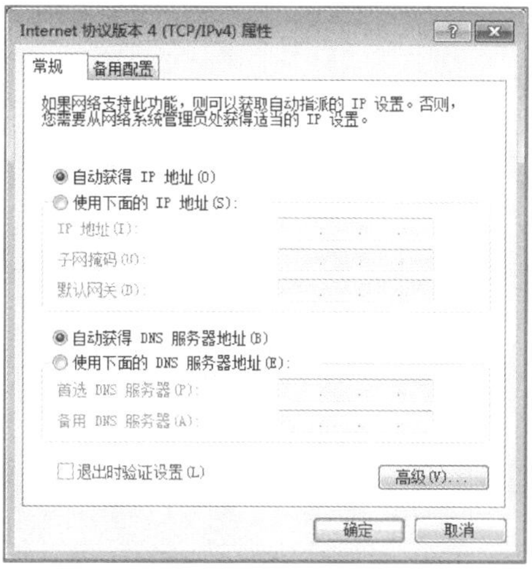

图 6-19　IP 设置

（2）测试 DHCP 客户端是否已经配置好，可在命令行下执行 ipconfig　/all 命令，测试结果如图 6-20 所示。

图 6-20　客户端测试

在 Windows 下，DHCP 客户端可以利用 ipconfig　/renew 命令更新 IP 地址租约，或者利用 ifconfig /release 命令自行将 IP 地址释放。

（3）一旦客户端计算机获取了 IP 地址，将在 DHCP 服务器上出现该客户端的地址租用信息，如图 6-21 所示，其中列出了客户端 IP 地址、计算机名称及租用截止日期等信息。

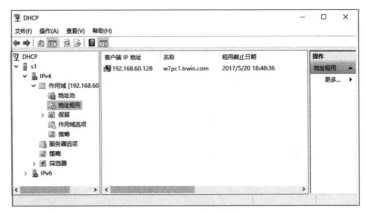

图 6-21　地址租用信息

微课 6-3
DHCP 中继
代理概述

6.4　DHCP 中继代理

随着局域网的逐步扩大，一个网络通常要被划分成多个不同的子网来实现不同子网的特殊管理要求，但 VLAN 是分隔广播域的，那是不是必须在各个不同子网分别创建一台 DHCP 服务器来为每个子网提供服务呢？如果真是这样，不但操作复杂，而且不利于局域网的管理。那应该怎么办呢？原始的 DHCP 要求客户端和服务器只能在同一个子网内，不可以跨网段工作。DHCP 中继的引入解决了这一问题，它在处于不同网段间的 DHCP 客户端和服务器之间承担中继服务，将 DHCP 报文跨网段中继到目的 DHCP 服务器，于是不同网络上的 DHCP 客户端可以共同使用一个 DHCP 服务器。

6.4.1　DHCP 中继代理的原理

DHCP 中继代理的工作原理其实很简单，就是在与 DHCP 客户端所在子网直接连接的接口上通过 ip helper-address 接口配置命令设置指向一个或多个 DHCP 服务器的 IP 地址。然后以配置了 ip helper-address 命令的这个接口地址作为 DHCP 客户端与外网通信时的网关地址。DHCP 中继代理路由器就可以把从 DHCP 客户端接收到的 DHCP 广播包直接以单播方式发送到 DHCP 服务器上。而来自 DHCP 服务器的 DHCP 广播包先通过单播方式发送到 DHCP 中继代理上，然后再以广播方式转发到 DHCP 客户端。DHCP 中继代理的工作过程如下：

（1）DHCP 客户机申请 IP 租约，发送 DHCPDISCOVER 包；

（2）中继代理收到该包，并转发给另一个网段的 DHCP 服务器；

（3）DHCP 服务器收到该包，将 DHCPOFFER 包发送给中继代理；

（4）中继代理将地址租约（DHCPOFFER）转发给 DHCP 客户端。

接下来的过程，DHCPREQUEST 包从客户机通过中继代理转发到 DHCP 服务器，DHCPACK 消息从服务器通过中继代理转发到客户机。

下面，演示一台 DHCP 服务器同时为另外一个子网分配 IP 地址，协助不同子网的工作站完成跨子网获取 IP 地址。

6.4.2　DHCP 中继代理网络环境

中继代理背景：trwin 公司有多个部门，192.168.60.0 网段提供给公司的 DNS 服务器、Web 服务器、文件服务器等使用。为了便于管理需要为每个部门划分不同子网，每个部门使用一个单独的子网，如 10.0.0.0、10.0.1.0 等。计划利用公司现有的 DHCP 服务器，同时为各个部门分配子网 IP 地址。

为了完成上述目标，需要配置 DHCP 中继代理，利用路由器实现网段内通信，而且用一个 DHCP 服务器为各个子网分配 IP 地址，有双网卡的服务器加上启用"路由和远程访问服务"服务就可以轻松充当路由器实现简单的路由转发功能了。

DHCP 中继代理可以是任何一台在 DHCP 客户端和 DHCP 服务器间转发 DHCP 报文的路由器或主机。因此，DHCP 中继代理至少需要两个接口：一个用于连接 DHCP 服务器，另一个用于连接 DHCP 客户端，但两个接口的 IP 地址不在同一个子网内。网络拓扑如图 6-22 所示。

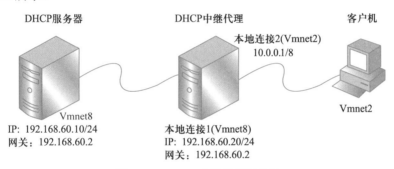

微课 6-4
DHCP 中继
代理实验环
境

图 6-22　DHCP 中继代理拓扑图

实验准备如下。

（1）物理机：开启 Vmnet8 和 Vmnet2 两个网卡，其中 Vmnet8 为 NAT 模式，IP 地址为 192.168.60.254/24；Vmnet2 为仅主机模式，IP 地址为 10.0.0.1/8。

（2）虚拟机 DHCP 服务器 s1 使用 Windows Server 2016，提供 DHCP 服务，IP 地址为 192.168.60.10。

（3）另建一台虚拟机（s2），使用 Windows Server 2016，提供 DHCP 中继服务，添加两个虚拟网卡，本地连接 1IP 地址为 192.168.60.20，本地连接 2（IP 地址为 10.0.0.1）与 DHCP 客户虚拟机在同一个网络 Vmnet2 中。

（4）虚拟 DHCP 客户机一台（简称 PC1），使用 Windows 7，连接的网卡是 Vmnet2。

（5）以上 IP 能互相 ping 通，保证一个畅通的网络。

6.4.3　DHCP 中继代理配置

在这个网络拓扑中，总共有 3 台计算机，分别是 DHCP 服务器、DHCP 中继代理服务器和 DHCP 客户机。其中，DHCP 服务器提供 DHCP 服务器，因此需要建立 10.0.0.0 网段的作用域；DHCP 中继代理负责连通 192.168.60.0 网段和 10.0.0.0 网段，因此需要安装路由和远程访问服务，同时配置 DHCP 中继代理协议；DHCP 客户端设置网络地址为自动获取，验证地址获得即可。各个计算机的配置过程如下。

1. 构建 DHCP 服务器

DHCP 服务器上已经有了第一个作用域 trwin1——192.168.60.128～192.168.60.199，在 DHCP 服务器上创建第二个作用域 trwin2——10.0.0.100～10.0.0.200。

（1）新建作用域 trwin2，在 DHCP 服务器上选择 IPv4，右击并选择"新建作用域"，如图 6-23 所示。

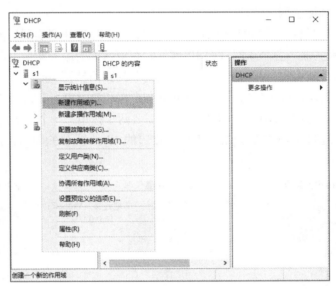

图 6-23　新建作用域

（2）作用域名称为 trwin2：10.0.0.100-10.0.0.200，如图 6-24 所示。

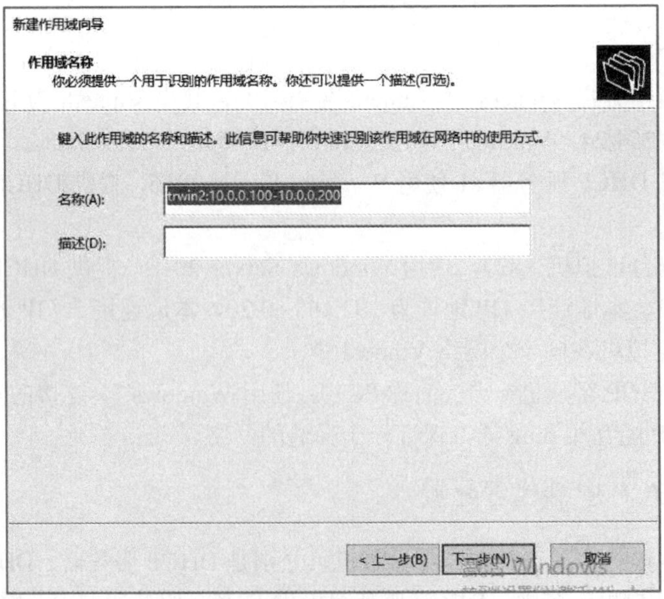

图 6-24　作用域名称

（3）设置 IP 地址范围，如图 6-25 所示。

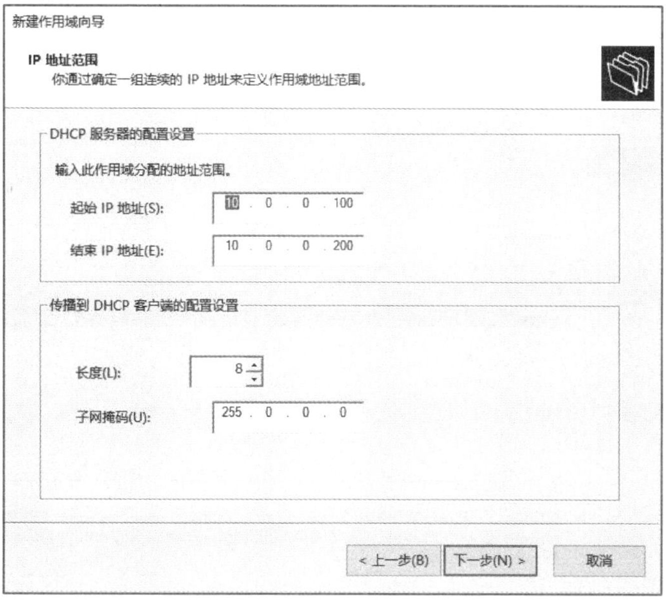

图 6-25　设置 IP 地址范围

（4）路由器 IP 地址设置为 10.0.0.1，如图 6-26 所示。

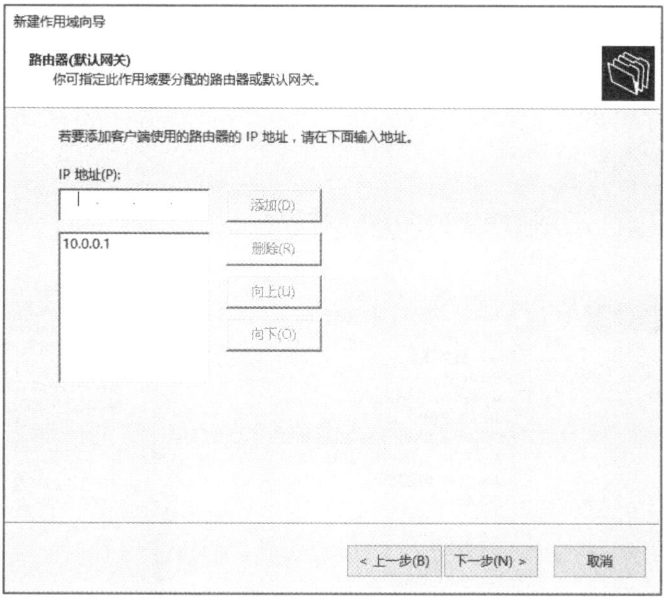

图 6-26　设置路由器 IP 地址

以上过程完成了 DHCP 服务器的配置部分。

2．构建 DHCP 中继服务+路由

在 DHCP 中继代理服务器上安装路由和远程服务，配置 DHCP 中继代理服务。

（1）添加角色和功能，选择目标服务器为自身 S2（192.168.60.20），如图 6-27 所示。

微课 6-5
DHCP 中继
代理实验
DHCP 服务
器的配置

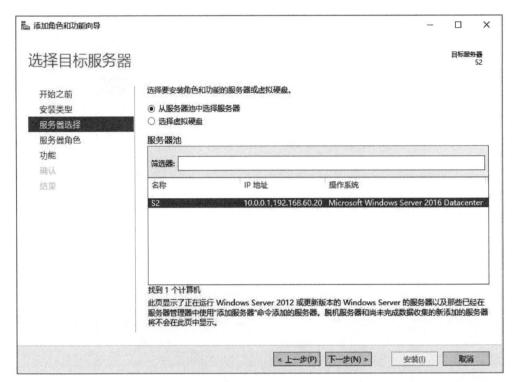

图 6-27　选择目标服务器

（2）安装远程访问服务，如图 6-28 所示。

微课 6-6
DHCP 中继
代理实验
DHCP 中继
代理服务器
的配置

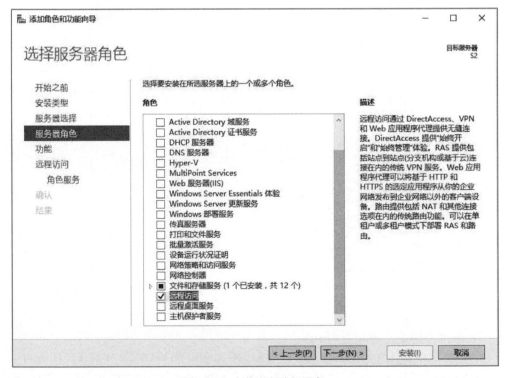

图 6-28　安装远程访问服务

（3）选择角色服务，勾选"DirectAccess 和 VPN（RAS）"和"路由"，如图 6-29 所示。

图 6-29　角色服务

（4）确认安装，如图 6-30 所示。

图 6-30　确认安装

以上完成了路由和远程访问服务的安装，接下来需要配置 DHCP 服务器，接收 DHCP 客户端的 IP 地址请求信息，转发给 DHCP 服务器；同时，接收 DHCP 服务器的地址分配信息，转发给 DHCP 客户端。

（5）远程访问服务安装完成后，选择自定义配置，如图 6-31 所示。

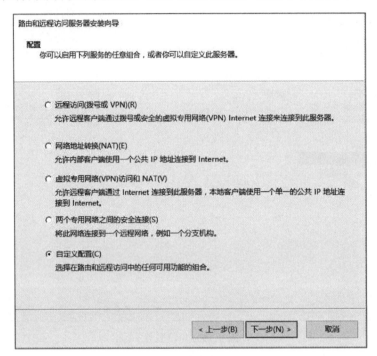

图 6-31　自定义配置

（6）进入路由和远程访问界面，如图 6-32 所示。

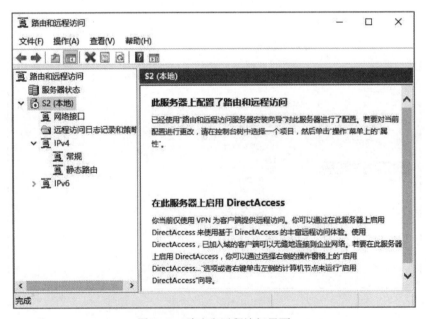

图 6-32　路由和远程访问界面

（7）新增路由协议，如图 6-33 所示。在弹出的对话框中，选择"DHCP Relay Agent"，如图 6-34 所示。

图 6-33 新增路由协议

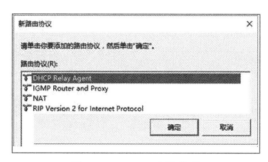

图 6-34 DHCP 中继代理

（8）在 DHCP 中继代理上新增接口，选择本地连接 2 所在的端口，如图 6-35 所示。

图 6-35 中继代理接口

（9）DHCP 中继代理的接口设置完成，如图 6-36 所示。

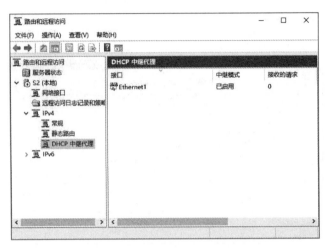

图 6-36   中继代理接口设置完成

（10）在 DHCP 中继代理上右击并选择"属性"，如图 6-37 所示。DHCP 服务器的 IP 地址设置为 192.168.60.10，如图 6-38 所示。

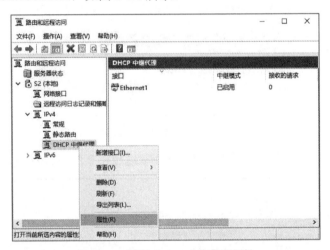

图 6-37   设置 DHCP 中继代理属性

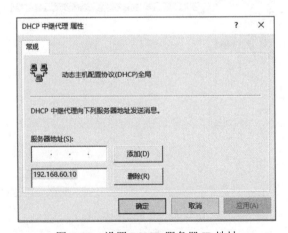

图 6-38   设置 DHCP 服务器 IP 地址

3. 客户机测试

在客户机中输入 ipconfig /all，经测试，无法取得 IP 地址，但是在中继服务器上可以看到 DHCP 请求，但无任何回复，此时 DHCP 中继代理接收的回复为 0，如图 6-39 所示。

微课 6-7
DHCP 中继
代理实验客
户机获取
IP 地址

图 6-39　DHCP 中继代理没有回复

因此，问题可能出在两个子网的互相访问上，因为 DHCP 服务器的网关为路由器地址，但路由器未作转发设置；也就是 DHCP 服务器虽然可以接收到从中继转发过来的请求，但无法把回复发送回中继服务器。

解决方案有三种，第一种是直接更改 DHCP 服务器默认网关为中继服务器 IP 地址，虽然能起作用，但不推荐这种方法，在现实生产环境中网络有专门的网关，不可能利用 DHCP 中继代理服务器作为网关。第二种，在 192.168.60.2 路由器上设置静态路由转发 10.0.0.0 网段至中继服务器 192.168.60.20。第三种，在无法配置路由器时，可以在 DHCP 服务器上直接配置静态路由转发，使用命令 route –p add 10.0.0.0 mask 255.0.0.0 192.168.60.20，如图 6-40 所示。

图 6-40　DHCP 服务器添加路由

在 DHCP 服务器上添加该条路由记录后，一旦 DHCP 服务器在收到中继代理服务器转发过来的 10.0.0.0 网段 IP 地址的请求，会将 IP 分配信息转发给 DHCP 中继代理服务器，此时 DHCP 中继代理接收的回复不再为 0，如图 6-41 所示。

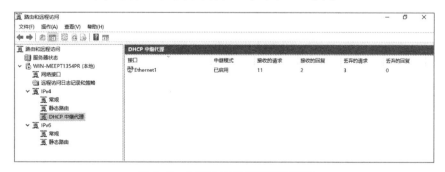

图 6-41　DHCP 中继代理收到回复

DHCP 中继代理收到后，会转发给 DHCP 客户端，此时在客户机中输入 ipconfig　/all，可以获取正确的 IP 地址（图 6-42）。

图 6-42　客户端测试

从图 6-42 中可以看到，客户机按照当初设想的结果获得了 10.0.0.0 网段的 IP 地址，DHCP 服务器为 192.168.60.10。按照同样的操作，可以添加 10.0.1.0、10.0.2.0 等子网的 DHCP 作用域，实现从单独一台 DHCP 服务器获取多个子网 IP 地址的目的。

6.5　DHCP 数据库的维护

一些人为的误操作或其他一些因素，将会导致 DHCP 服务器的配置信息出错或丢失，这时，该怎么办呢？手工进行恢复非常麻烦，而且工作量较大，同时，DHCP 服务器中可能包含多个作用域，并且每个作用域中又包含不同的 IP 地址段、网关地址、DNS 服务器等参数。因此，需要时常注意备份这些配置信息，一旦出现问题，进行还原即可。DHCP 服务器内置了备份和还原功能，操作非常简单。

6.5.1　DHCP 数据库的备份

数据库备份分为自动备份与手动备份。

1. 自动备份

DHCP 服务在正常运行期间，默认每 60 分钟会自动创建 DHCP 数据库的备份，可以通过编辑下列注册表项来更改备份间隔时间：HKEY_LOCAL_MACHINE\SYSTEM\CurrentControlSet\Services\DHCPServer\Parameters\Bac kupInterval（图 6-43）。该数据库备份副本的默认存储位置是 C:\Windows\System32\Dhcp\Backup。

图 6-43 备份间隔时间

执行同步或异步备份时，将保存整个 DHCP 数据库，包括以下内容：

（1）所有作用域（包括超级作用域和多播作用域）；

（2）租约；

（3）所有选项（包括服务器选项、作用域选项、保留选项和类别选项）；

（4）所有注册表项和在 DHCP 服务器属性中设置的其他属性（例如，审核日志和文件夹位置）。

2. 手动备份

用户也可手工备份 DHCP 数据库，操作步骤如下。

（1）打开 DHCP 控制器窗口，右击 DHCP 服务器图标，在弹出的快捷菜单中选择"备份"命令，如图 6-44 所示。

图 6-44 选择备份

（2）在"浏览文件夹"对话框中，选择要用来存储 DHCP 数据库备份的文件夹，默认的备份路径为 C:\DHCP（图 6-45），单击"确定"按钮完成备份。

图 6-45　默认备份路径

（3）在对应的 DHCP 目录下可以看到备份的数据库文件（图 6-46）。

图 6-46　DHCP 备份的数据库文件

6.5.2　DHCP 数据库还原

DHCP 服务在启动和运行过程中，会自动检查 DHCP 数据库是否损坏。若损坏，会自动利用存储在%Systemroot\System32\Dhcp\Backup 文件夹内的备份文件来还原数据库。如果用户已进行手工备份，也可以手工还原 DHCP 数据库，操作步骤如下。

（1）先删除对应的作用域（图 6-47），再测试是否能够还原回来。

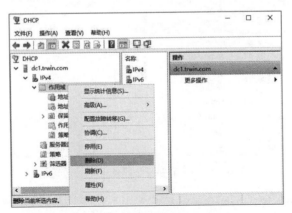

图 6-47　删除 DHCP 作用域

（2）单击"删除"按钮，这时已经没有了作用域，如图 6-48 所示。

图 6-48　作用域删除结果

（3）右击 DHCP 服务器，选择"还原"（图 6-49）。

图 6-49　还原 DHCP

（4）默认选择备份目录，单击"确定"按钮（图 6-50）。

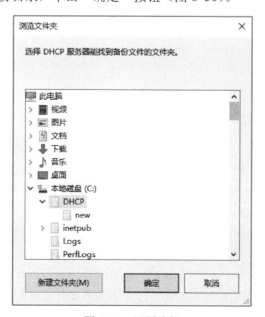

图 6-50　还原路径

（5）这时候提示需要重启 DHCP 服务，单击"是"按钮（图 6-51）。

（6）重启后提示已经还原成功（图 6-52）。

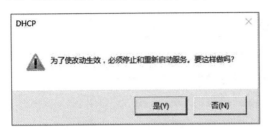

图 6-51　重启 DHCP 服务　　　　　　　　图 6-52　还原成功

（7）这时重新查看 DHCP 服务器，可见此前删除的作用域又恢复了（图 6-53）。

图 6-53　作用域恢复

6.6　拓展学习

网络中有一台 DHCP 服务器可以保证 IP 地址的正确分发，一旦这台 DHCP 服务器出现问题，则所有用户就无法自动获取 IP 地址了。因此，通常需要两台 DHCP 服务器以实现 DHCP 负载均衡与双机热备。两台 DHCP 服务器如何保证彼此信息的同步，而不是独立地分发 IP 地址呢？

6.7　习题

1. 简述 DHCP 的工作过程。

2. 与手动分配 IP 地址相比，自动分配 IP 地址的方法具有哪些优点？

3. 简述 Windows Server 2016 DHCP 服务器需要具备的条件。

4. 在 DHCP 服务的网络中，现有的客户机自动分配的 IP 地址不在 DHCP 地址池范围内，而在 169.254.0.1～169.254.255.254，可能的原因有哪些？

5. 在多个子网（网段）中实现 DHCP 服务的方法有哪几种？各有什么特点？

6. 在跨路由网络中实现 DHCP 服务的方法主要有哪几种？各有什么特点？

第7章/

DNS 配置与管理

DNS 配置与管理

7.1 项目背景

trwin 公司内部有几台服务器，包括 Web 服务器、数据库服务器、邮件服务器、公司财务服务器等，公司员工可以用 IP 地址访问这些服务器，但服务器的 IP 地址并不容易记住，使用很不方便。另外随着业务的扩充和变动，各服务器的 IP 地址还可能会变动，因此，管理部门决定，在公司内部架设一台 DNS 服务器，负责公司内部域名的解析，使公司员工都能像访问百度、新浪网站一样，用域名网址的方式使用这些服务器。

7.2 DNS 简介

7.2.1 初识 DNS

微课 7-1
DNS 简介

DNS 是 Domain Name System（域名系统）的缩写，它是由解析器和域名服务器组成的。当用户在地址栏里输入 www.baidu.com 时可以说就使用了 DNS 服务，直接输入 220.181.6.19 也同样可以到达这个网址。为了方便用户浏览互联网上的网站而不用去刻意记住每个主机的 IP 地址，DNS 服务器应运而生，提供将域名解析为 IP 地址的服务，从而使上网时能够用简短而好记的域名来访问互联网上的静态 IP 地址的主机。

域名服务器是指保存有该网络中所有主机的域名和对应 IP 地址，并具有将域名转换为 IP 地址功能的服务器。其中域名必须对应一个 IP 地址，而 IP 地址不一定有域名。域名系统采用类似目录树的等级结构。域名服务器为客户-服务器模式中的服务器方，它主要有两种形式：主服务器和转发服务器。将域名映射为 IP 地址的过程就称为"域名解析"。在 Internet 上域名与 IP 地址之间是一对一（或者多对一）的，域名虽然便于人们记忆，但计算机之间只能互相认识 IP 地址，它们之间的转换工作称为域名解析，域名解析需要由专门的域名解析服务器来完成，DNS 就是进行域名解析的服务器。

7.2.2 DNS 域名空间

为便于管理，Internet 中的域名采用层次结构，并用域名空间来描述，在域名空间中把名字定义到一棵倒置的树形结构中，树的每一级定义了域名层次的每一级，它如同一棵倒立的树，层次结构非常清晰。根域位于顶部，紧接着在根域的下面是几个顶级域，每个顶级域又可以进一步划分为不同的二级域，二级域再划分出子域，子域下面可以是主机也可以是再划分的子域，直到最后的主机。在 Internet 中的域是由 InterNIC 负责管理的，域名服务则由 DNS 来实现。

1. 根域

根（root）域就是"."，它由 Internet 名字注册授权机构管理，该机构把域名空间各部分的管理责任分配到 Internet 的各个组织。

2. 顶级域

DNS 根域的下一级就是顶级域，由 Internet 名字授权机构管理。共有 3 种类型的顶级域。

组织域，采用 3 个字符的代号，表示 DNS 域中包含的组织的主要功能与活动，见表 7-1。

表 7-1　组　织　域

组织域	说明
gov	政府部门
com	商业部门
edu	教育部门
org	民间团体组织
net	网络服务机构
mil	军事部门

国家或地区域，采用两个字符的国家或地区代号，见表 7-2。

表 7-2　国家或地区域

国家或地区域	国别/地区
cn	中国
jp	日本
uk	英国
au	澳大利亚
hk	中国香港

反向域，这是一个特殊域，名称为 in-addr.arpa，用于将 IP 地址映射到名称。

3. 二级域

二级域注册到个人、组织或公司的名称。这些名称基于相应的顶级域，二级域下可以包括主机和子域。

4. 主机名

主机名在域名空间结构的底层，主机名和前面介绍的域名结合构成 FQDN（完全合格的域名），主机名在 FQDN 的最左端，如图 7-1 所示，www 是一个具体的主机名。

7.3　DNS 安装

在架设 DNS 服务之前先修改服务器的名称，规划 IP、子网掩码、DNS，然后安装和配置 Windows Server 2016 环境下的 DNS 服务。

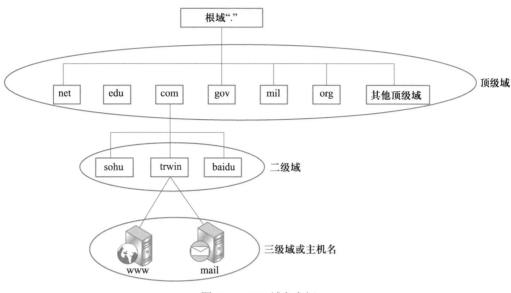

图 7-1 DNS 域名空间

7.3.1 服务器安装

（1）在服务器管理器中选择"添加角色和功能"。在打开的"添加角色和功能向导"，按向导提示进行安装，第一个界面为安装提示，直接单击"下一步"按钮，如图 7-2 所示。

图 7-2 开始安装

（2）在安装类型中选择"基于角色或基于功能的安装"，如图 7-3 所示。

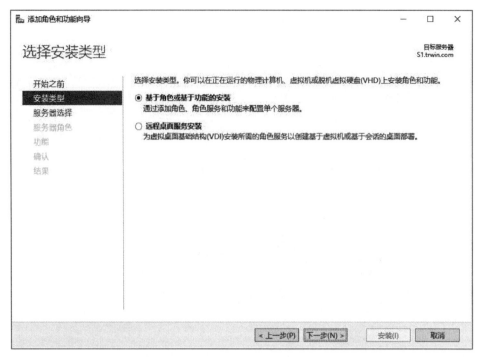

图 7-3   选择安装类型

（3）在服务器选择中选择"从服务器池中选择服务器"，在服务器池中选择要把服务安装到哪台计算机中，单击"下一步"按钮，如图 7-4 所示。

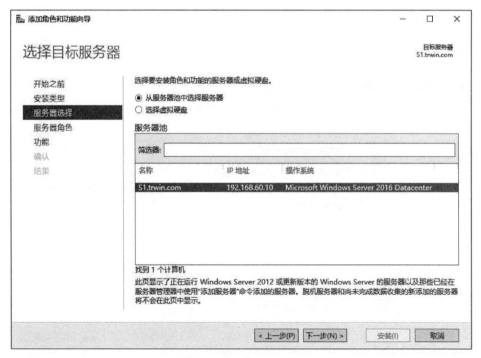

图 7-4   选择目标服务器

（4）在服务器角色中选择"DNS 服务器"，勾选后会弹出一个功能配置窗口，添加

DNS 服务器所需的功能，返回到服务器角色选择，就会看到 DNS 服务器前面打勾，说明已经选择了需要安装的服务功能，单击"下一步"按钮，如图 7-5 所示。

图 7-5 勾选 DNS 服务器

（5）在"功能"中，直接单击"下一步"按钮，因为在前面已经选择了服务器角色，在功能中系统已经自动选择了需要安装的功能。在"DNS 服务器"中是对选择的服务进行一种说明，直接单击"下一步"按钮就可以了，如图 7-6 所示。

图 7-6 DNS 服务器

（6）在"确认"中，对选择的服务进行确认，确认后系统就会开始安装选择的服务，查看没有问题后就可以单击"安装"按钮，如图 7-7 所示。

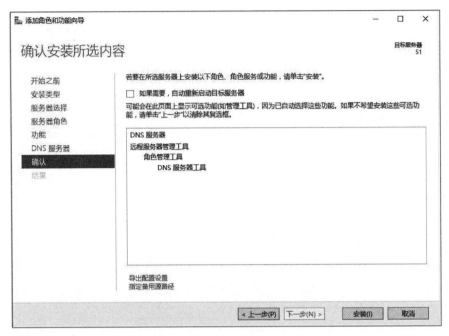

图 7-7   确认安装

（7）在"结果"中显示安装进度，如图 7-8 所示。

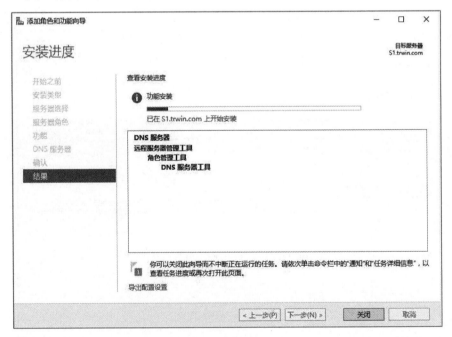

图 7-8   安装进度

当"结果"中出现安装成功后，单击"关闭"按钮结束安装。

7.3.2 服务器设定

在"开始"中单击左下角的向下箭头,展开"开始"菜单,在展开的菜单中,找到"DNS",单击打开 DNS 管理界面,如图 7-9 所示。

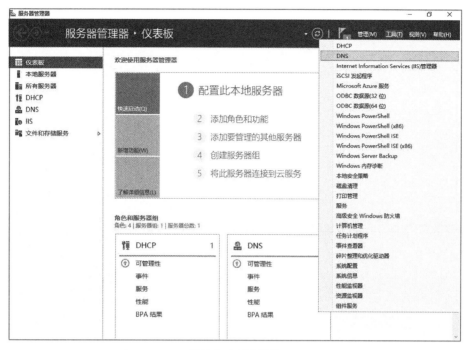

图 7-9 DNS 服务

接下来在 DNS 服务器中增加区域。

(1)图 7-10 为安装完首次启动 DNS 的界面,单击左侧目录中"S1"(计算机名称)前面的箭头,展开目录,如图 7-10 所示。

图 7-10 DNS 管理器

微课 7-2
DNS 正向
查找区域

(2)在展开的目录"正向查找区域"中设定正向查询域(正向查询为由域名查询 IP,反向查询为由 IP 查询域名),先双击"正向查找区域",再在"正向查找区域"上右击,选择"新建区域",如图 7-11 所示。

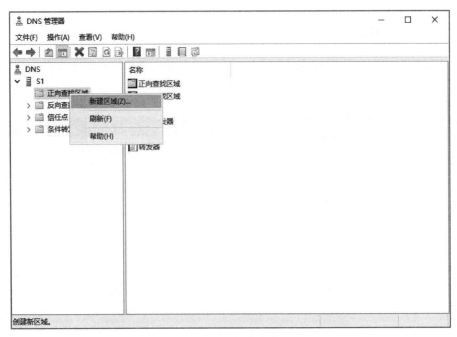

图 7-11 新建区域

（3）打开新建区域向导，在区域类型中选择需要创建的区域类型，因为现在创建的是第一个，选择"主要区域"，再单击"下一步"按钮，如图 7-12 所示。

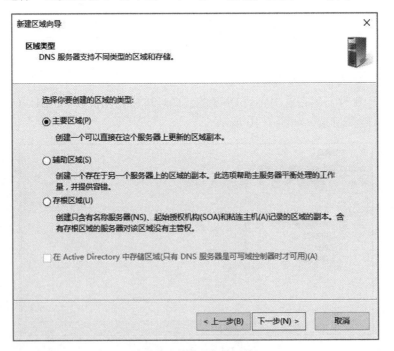

图 7-12 选择"主要区域"

（4）在"区域名称"中输入需要创建的区域名称，再单击"下一步"按钮，如图 7-13 所示。

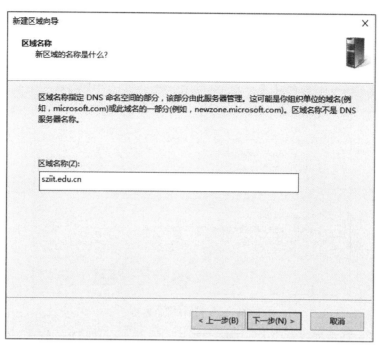

图 7-13　输入区域名称

（5）系统会自动生成区域文件名称，采用默认的文件名称，直接单击"下一步"按钮，如图 7-14 所示。

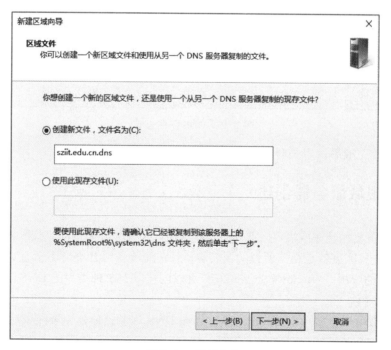

图 7-14　区域文件

（6）在动态更新中，选择"允许非安全和安全动态更新"，再单击"下一步"按钮，如图 7-15 所示。

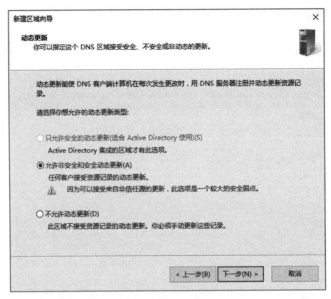

图 7-15　允许动态更新

（7）到此区域就创建完成了，单击"完成"按钮。返回到 DNS 管理器窗口，在"正向查找区域"中就可看到刚刚创建完成的区域目录了，如图 7-16 所示。

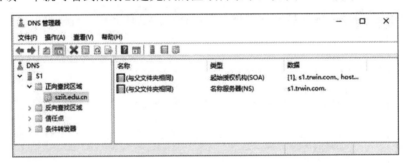

图 7-16　DNS 创建完成

区域创建完成后，需要对区域进行设定才能使用 DNS 的功能。

7.4　根域服务器创建

DNS 服务器创建完成后，接下来要创建区域，区域又分为正向查找区域和反向查找区域。正向查找区域就是通常所说的域名解析，完成域名到 IP 的解析；反向查找区域完成 IP 到域名的解析。Windows Server 2016 可以创建以下 3 种类型的 DNS 区域。

1. 主要区域

主要区域用来存储区域中的主副本，当在 DNS 服务器创建主要区域后，这个 DNS 服务器就是这个区域的主要名称服务器，就可以直接在该区域添加、删除或修改 DNS 记录，区域内的记录存储在 AD 数据库中。

2. 辅助区域

辅助区域存放区域内所有主机数据的副本，副本是从其主要区域利用区域传送的方式复制而来的。辅助区域中的记录是只读的，不能进行添加、删除或修改等操作，仅能提供名称解析，辅助区域可以实现 DNS 服务器的备份和容错。

3．存根区域

存根区域也是区域的一个副本，但与辅助区域不同的是，存根区域只包含域名系统服务器所需的那些资源记录，主要有起始授权机构（SOA）资源记录、名称服务器（NS）资源记录和粘附 A 资源记录。

在本任务中，将利用公司的 DNS 服务器上已有的 DNS 区域创建各种资源记录。

7.4.1 新建主机记录

在打开的新建主机界面中，添加主机名称（服务器类型，如网页、邮件等）和 IP 地址，输入主机名称和 IP 地址后，单击"添加主机"按钮就完成了一台主机的添加，并可以继续添加其他主机，如图 7-17 所示。

图 7-17　添加主机

如添加一个域名 ftp，配置如图 7-18 所示。

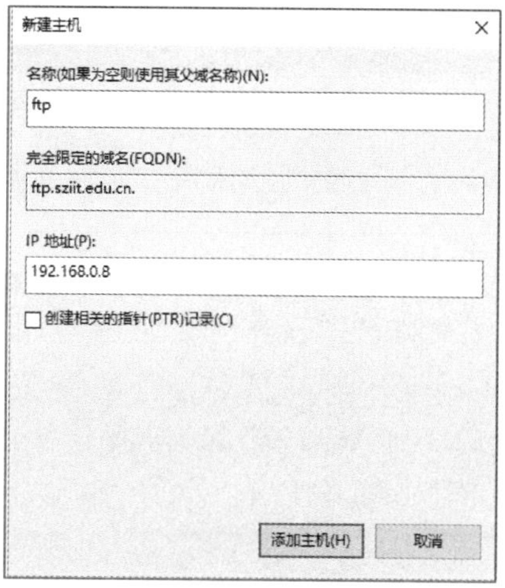

图 7-18　添加并配置域名

单击"添加主机"按钮后，则提示成功创建主机记录，如图 7-19 所示。

图 7-19　添加成功

在 DNS 服务器的正向查找区域中，可以看到新增的 ftp 主机记录，如图 7-20 所示。

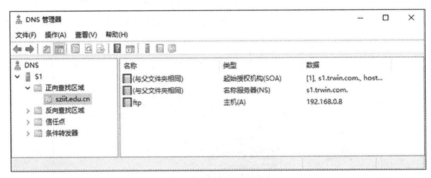

图 7-20　查看主机记录

在配置了 DNS 的计算机中，可以通过 nslookup 命令查找 ftp 主机的 IP 地址，如图 7-21 所示。

微课 7-3
DNS 正向
解析

图 7-21　ftp 主机记录

也可以通过 nslookup 命令查看 DNS 域的信息，如图 7-22 所示。

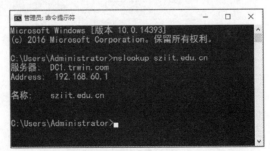

图 7-22　DNS 域的信息

7.4.2 创建别名

别名，在同一台服务器安装多种服务时，如果多种服务都设定为主机，当服务转移到另一台服务器时，所有的主机信息都需要修改，如果使用别名，只把一种服务设定为主机，其他服务使用别名设定，当转移服务器时只需要把主机的信息修改，使用别名的服务不需要改动就可以正常使用。

下面看看如何设置别名，在空白区域右击，选择"新建主机"，在"新建资源记录"的"别名"中输入服务类型，如 www、ftp 等，在"目标主机的完全合格的域名（FQDN）"中输入一个已经存在的主机名称或别名名称，单击"确定"按钮，一个新的别名就创建好了，如图 7-23 所示。

图 7-23　新建别名

7.4.3 创建邮件交换器

如果是邮件服务器除了添加主机外还需要添加邮件交换器，在空白处右击，选择"新建邮件交换器"，在"新建资源记录"中，"主机或子域"不需要填写，在"邮件服务器的完全限定的域名（FQDN）"中填写邮件主机域名，如果有多个邮件服务器可以设置优先级来确定收发邮件的顺序，如图 7-24 所示。

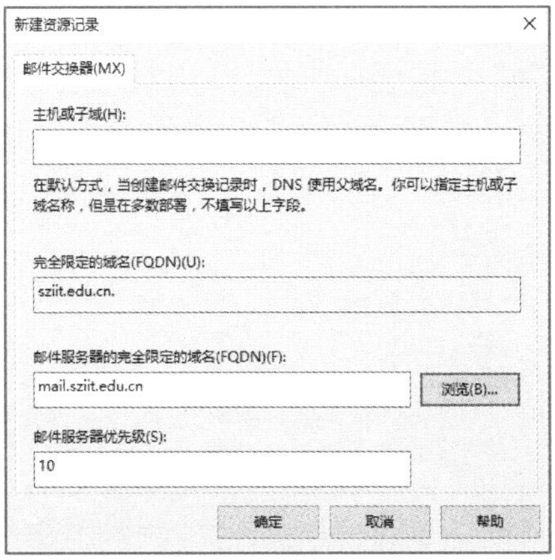

图 7-24　新建邮件交换器

　　单击"确定"按钮后，返回到 DNS 管理器中，就会看到邮件交换器的配置，如图 7-25 所示。

图 7-25　邮件交换器的配置

7.4.4　创建子域

　　在 sziit.edu.cn 区域中，右击并选择"新建域"，在弹出的对话框中输入 jsj，如图 7-26 所示。

图 7-26　新建子域

　　在 DNS 记录中，sziit.edu.cn 区域下会新增一级节点，该节点 jsj 就是 sziit.edu.cn 的子域，如图 7-27 所示。

图 7-27　子域创建成功

7.4.5 反向查找区域

反向查找区域完成 IP 到域名的解析，反向查询的类型称为 PTR，也称指针查询。在 DNS 系统里，一个反向地址对应一个 PTR 记录（与 A 记录项对应）。反向查找的整个结构和整个 DNS 域树结构相似，但不同的是根节点不是一个单纯的"."，而是.in-addr.arpa，这部分是固定不变的。

之所以需要设置这样一个域来实现反向解析，主要是考虑到如果按照正向解析的结果进行反查，那么当 DNS 名称空间异常庞大时，遍历整个空间来查询某一个 IP 对应的计算机名称时将会异常缓慢，从而影响整个 DNS 名称空间的解析性能。因此在 DNS 标准中就定义了一个特殊的域，即 in-addr.arpa，对应的子域则是反向构造的点分十进制的 IP 地址。也就是说，当需要添加新的 PTR 记录时，只需要将对应的 IP 地址倒置即可。比如 IP 地址为 192.168.60.2 的反向记录，即表示为 2.60.168.192.in-addr.arpa。

下面来建立反向区域。

（1）在"反向查找区域"上单击，等前面的箭头消失后，右击并选择"新建区域"，如图 7-28 所示。

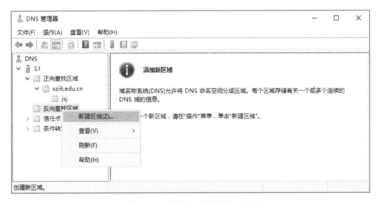

微课 7-4
DNS 反向
查找区域与
反向解析

图 7-28　新建反向查找区域

（2）在"新建区域向导"中单击"下一步"，在区域类型中仍然选择"主要区域"，单击"下一步"，在选择 IP 时，选择 IPv4，目前使用的地址是 IPv4，单击"下一步"按钮，如图 7-29 所示。

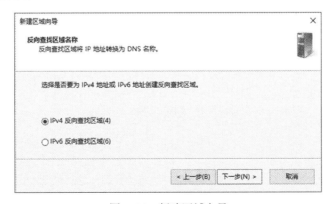

图 7-29　新建区域向导

（3）在网络 ID 中输入需要反向查找的网络 ID，这里按照正常的网络 ID 输入，单击"下一步"按钮。在区域文件中，系统会自动生成一文件名称，采用默认的文件名称，不要修改，单击"下一步"按钮，如图 7-30 所示。

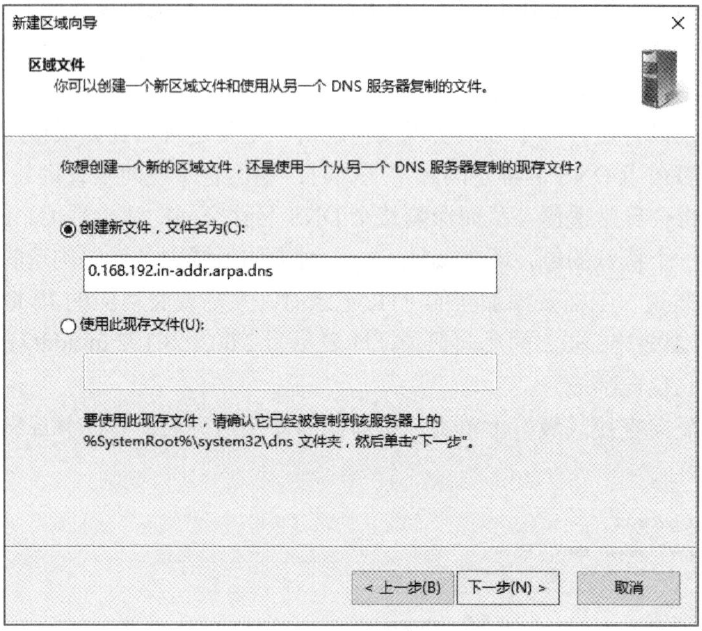

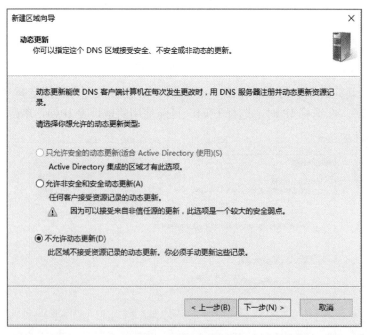

图 7-30　区域文件

（4）在动态更新中，选择"不允许自动更新"，单击"下一步"按钮，如图 7-31 所示。

图 7-31　不允许动态更新

（5）到此，反向查找区域就创建完成了，单击"完成"按钮，如图 7-32 所示。

图 7-32　完成创建

返回 DNS 管理器，在反向查找区域中，就会出现刚刚创建的网络 ID 区域，在里面有两个文件跟正向查找区域的一样，要与正向查找一样地对反向查找进行设定，这两个文件需要跟正向的两个文件一模一样，如图 7-33 所示。

图 7-33　反向设定

两个系统自创文件设置好了以后，接下来就需要对主机与 IP 地址的对应关系进行设定了，在空白处右击并选择"新建指针"，如图 7-34 所示。

图 7-34　新建指针

在"新建资源记录"中，"主机 IP 地址"栏输入服务器地址，"主机名"中输入或选择完成的服务器域名，就完成了记录的添加，如图 7-35 所示。

图 7-35　反向资源记录

完成了反向资源记录的添加后，就可以在计算机中利用 nslookup 命令进行 IP 地址到域名的反向解析了。

7.5　委派部署

微课 7-5
DNS 的委派

在域中划分多个区域的主要目的是简化 DNS 的管理任务，即委派一组权威名称服务器来管理每个区域。采用这样的分布式结构，当域名称空间不断扩展时，各个域的管理员可以有效地管理各自的子域。简单来说就是一个总公司将不同区域的管理任务分配给名下的不同子公司，减轻了自身的负担。下面以 trwin 公司为例，演示 DNS 的委派。

公司注册了一台 trwin.com 的域名，用一台独立的服务器维护域名，服务器 IP 地址是 192.168.60.1。计划在深圳分公司建立一个域名 sz.trwin.com，深圳分部的服务器 IP 地址是 192.168.60.10，并且深圳的子公司搭建 DNS 来维护该公司的子域。为了让计算机能够解析深圳子公司的 DNS 记录，则需要在主 DNS 上创建委派，具体操作如下。

7.5.1 创建委派

（1）右击"正向查找区域"下的"trwin.com"节点，在弹出的菜单中选择"新建委派"命令，如图 7-36 所示。

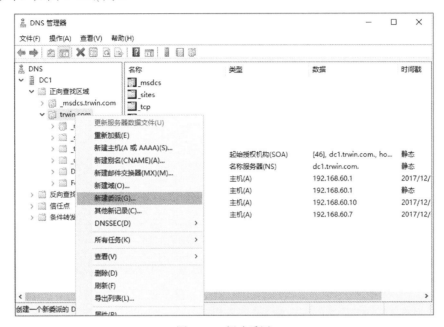

图 7-36　新建委派

（2）在打开的新建委派向导中，单击"下一步"按钮。在"委派的域"中，输入委派子域名称"sz"，单击"下一步"继续，如图 7-37 所示。

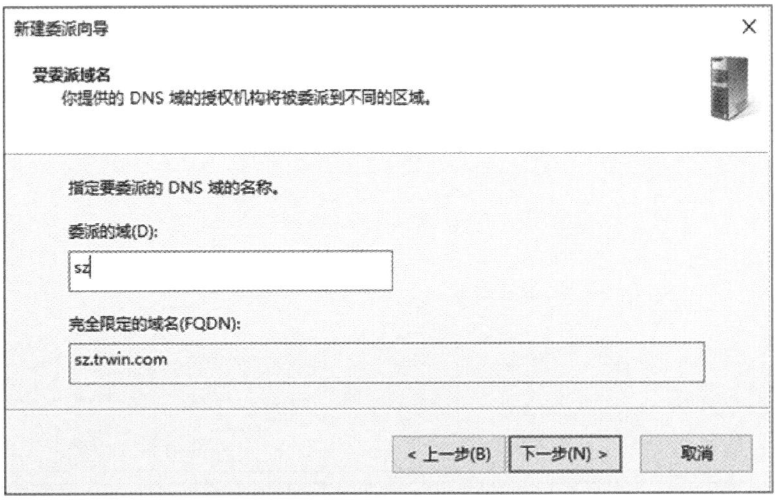

图 7-37　设置委派的域

（3）在"名称服务器"向导页中，单击"添加"按钮。在新建名称服务器记录中，填入深圳分公司 DNS 服务器的域名，没有则直接填 IP 地址，如图 7-38 所示。

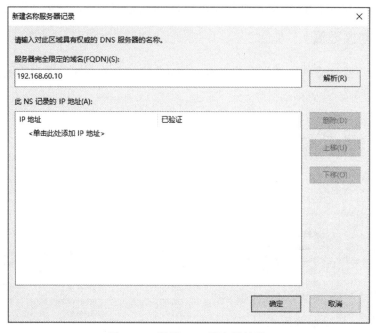

图 7-38　设置 DNS 服务器地址

（4）单击右侧的"解析"按钮，出现绿色的对号，则可以看到该 IP 地址已经验证通过，如图 7-39 所示。

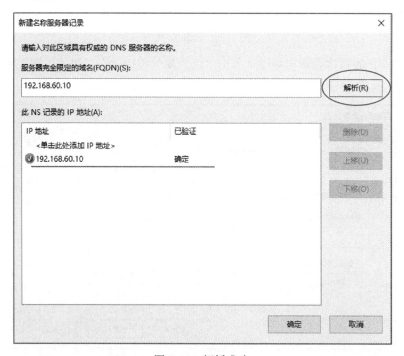

图 7-39　解析成功

（5）名称服务器可以添加多个，添加完成后，单击"下一步"按钮，如图 7-40 所示。

图 7-40　名称服务器

（6）至此，新建委派完成，单击"完成"按钮后结束向导。委派完成后，单击 sz 节点，可以看到创建的委派记录，如图 7-41 所示。

图 7-41　委派记录

7.5.2　委派测试

（1）将客户机的 DNS 指向 trwin.com 主 DNS 服务器，在委派之前，查询"www.sz.trwin.com"，可以看到找不到记录，如图 7-42 所示。

图 7-42　委派前

（2）在委派完成后，查询"www.sz.trwin.com"，可以找到正确的 DNS 记录，如图 7-43 所示。

图 7-43　委派后

7.6　根提示的应用

根提示是 DNS 服务器上的资源记录，列出了根 DNS 服务器的 IP 地址及 13 台存放在 Internet 上的根 DNS 服务器。

7.6.1　创建根提示

根提示使非根域的 DNS 服务器可以查找到根域 DNS 服务器。根域 DNS 服务器在互联网上有许多台，分布在世界各地。为了定位这些根域 DNS 服务器，需要在非根域的 DNS 服务器上配置根提示。配置根提示的过程如下：

（1）在 DNS 服务器 S1 上右击，在弹出的菜单中，选择"属性"，如图 7-44 所示。

微课 7-6
DNS 的根
提示

图 7-44　选择"属性"

（2）在打开的"S1 属性"中，选择"根提示"选项卡，如图 7-45 所示。

图 7-45　"根提示"选项卡

（3）在"名称服务器"列表中，共有 13 台根服务器。根提示一般保持默认，不要轻易更改。单击"添加"就可以创建一个根提示记录，如图 7-46 所示。

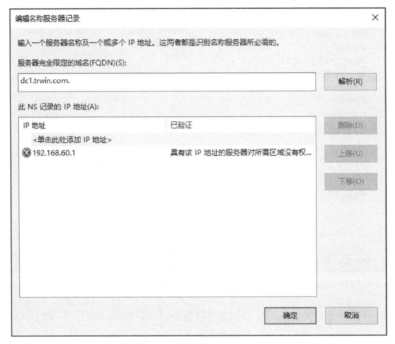

图 7-46　根提示记录

如果 DNS 服务器上新建了根区域（区域名称为"."）则该"根提示"失效。

7.6.2　根提示的测试

（1）将客户机的 DNS 配置指向 S1 主 DNS 服务器，如图 7-47 所示。

图 7-47　DNS 配置指向 S1 主 DNS 服务器

（2）在委派完成后，查询"www.trwin.com"，可以找到正确的 DNS 记录，如图 7-48
所示。

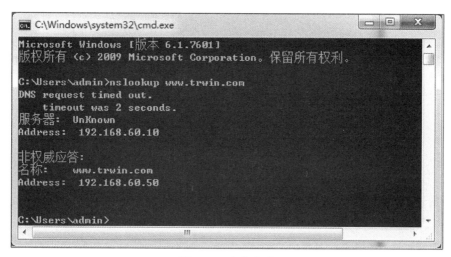

图 7-48　查找成功

7.7　拓展学习

普通的 DNS 服务器只负责为用户解析出 IP 记录，而不去判断用户从哪里来，这样
会造成所有用户都只能解析到固定的 IP 地址上。智能 DNS 就是根据用户的来路，自动
智能化判断来路 IP 返回给用户，而不需要用户进行选择。智能 DNS 策略解析最基本的
功能是可以智能地判断访问网站的用户，然后根据不同的访问者把域名分别解析成不同
的 IP 地址。如访问者是网通用户，DNS 策略解析服务器会把域名对应的网通 IP 地址解
析给这个访问者。

智能 DNS 策略解析还可以实现就近访问机制。有些用户在国外和国内都放置了服
务器，使用 DNS 策略解析服务可以让国外的网络用户访问国外的服务器，国内的用户
访问国内的服务器，从而使国内外的用户都能迅速地访问服务器。

如何配置 DNS 服务器，来实现对于不同网络的客户端 DNS 请求会得到不同的结果，
读者可以尝试操作。

7.8　习题

1. 当用户访问 Internet 资源时，为什么需要名称解析？
2. 什么是迭代查询方式？
3. 简述 DNS 客户端通过 DNS 服务器对域名 www.sziit.edu.cn 的解析过程。
4. 简述 IP 租约自动更新的过程。
5. DNS 服务器为什么会向其他 DNS 服务器求助？求助的方法有哪些？

第 8 章

Web 服务配置

Web 服务
配置

PPT

8.1　项目背景

trwin 公司决定建立一个网站，使企业内部员工能够发布和共享信息、上传和下载文件、对外宣传企业形象、与客户更好地交流。因此可以在安装有 Windows Server 2016 的服务器上安装 IIS 服务，并配置 WWW 服务，将企业的网站发布到 Internet 上。同时对服务器要做相应的安全设置，保证服务器的安全性。

8.2　Web 服务简介

8.2.1　IIS 服务

IIS（Internet Information Server，互联网信息服务）是一种 Web（网页）服务组件，其中包括 Web 服务器、FTP 服务器、NNTP 服务器和 SMTP 服务器，分别用于网页浏览、文件传输、新闻服务和邮件发送，它使得在网络（包括互联网和局域网）上发布信息变成了一件很容易的事。

IIS 10 提供的基本服务包括发布信息、传输文件、支持用户通信和更新这些服务所依赖的数据存储。

（1）万维网发布服务（World Wide Web Publishing）通过 IIS 管理单元提供 Web 连接和网站管理。通过将客户端 HTTP 请求连接到在 IIS 中运行的网站上，向最终用户提供 Web 发布。

（2）通过文件传输协议（FTP）服务，IIS 提供 FTP 连接和管理，能够在网络上方便地传输文件。功能包括：带宽限制、安全账户和可扩展日志等。新的"FTP 用户隔离"功能使用户只能访问 FTP 站点中自己的文件。

（3）通过使用简单邮件传输协议（SMTP）服务，IIS 能够发送和接收电子邮件。例如，为确认用户提交表格成功，可以对服务器进行编程以自动发送邮件来响应事件。也可以使用 SMTP 服务以接收来自网站客户反馈的消息。SMTP 不支持完整的电子邮件服务，要提供完整的电子邮件服务，可以使用 Microsoft Exchange Server。

（4）使用网络新闻传输协议（NNTP）服务主控单台计算机上的 NNTP 本地讨论组。用户可以使用任何新闻阅读客户端程序加入新闻组进行讨论。

（5）IIS 管理服务允许对 IIS 组件进行管理，管理 IIS 配置数据库，并为 WWW 服务、FTP 服务、SMTP 服务和 NNTP 服务更新 Windows 操作系统注册表。配置数据库用来保存 IIS 的各种配置参数。IIS 管理服务对其他应用程序公开配置数据库，这些应用程序包括 IIS 核心组件、在 IIS 上建立的应用程序及独立于 IIS 的第三方应用程序（如管理或监视工具）。

8.2.2　IIS 10 新特性

Windows Server 2016 中的 Web 服务器（IIS）角色提供一个安全、易于管理的模块化和可扩展的平台，以可靠地托管网站、服务和应用程序。使用 IIS 10，可以与 Internet、Intranet 或 Extranet 上的用户共享信息。IIS 10 是一个集 IIS、ASP.NET、FTP 服务、PHP 和 Windows Communication Foundation（WCF）于一身的 Web 平台。

管理员可以使用 Web 服务器（IIS）角色设置和管理多个网站、Web 应用程序和 FTP 站点。一些特定的功能包括：

（1）使用 IIS 管理器配置 IIS 功能和管理网站。

（2）使用文件传输协议（FTP）以允许网站所有者上传和下载文件。

（3）使用网站隔离以防止一个网站干扰服务器上的其他站点。

（4）配置用各种技术（如经典 ASP、ASP.NET 和 PHP）编写的 Web 应用程序。

（5）将多个 Web 服务器配置到可使用 IIS 管理的服务器池中。

8.3　Web 服务器安装

为了防止恶意攻击、保护系统的安全，默认情况下，Windows Server 2016 没有安装 IIS。在需要配置 Web 服务器时，需要自行安装 IIS。

8.3.1　安装 IIS 服务

（1）打开"服务器管理器"→"管理"→"添加角色和功能"，单击"下一步"按钮，选择"基于角色或基于功能的安装"，单击"下一步"按钮，选择"从服务器池中选择服务器"，单击"下一步"按钮，如图 8-1 所示。

微课 8-1
Web 服务
器的安装

图 8-1　选择服务器

（2）选择"Web 服务器（IIS）"，添加功能后，"Web 服务器（IIS）"则会勾选，单击"下一步"按钮，如图 8-2 所示。

图 8-2　Web 服务器

（3）在这里添加需要的角色服务，按需添加，选择默认设置，直接单击"下一步"按钮，如图 8-3 所示。

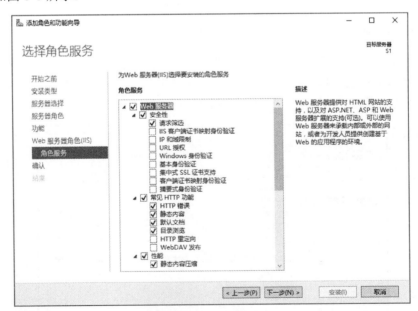

图 8-3　角色服务

下面要确认安装的内容，单击"安装"按钮，等待显示安装成功之后，单击"关闭"按钮，打开 IIS 的控制面板看一下，可以看到 IIS 管理界面，如图 8-4 所示。

图 8-4　IIS 管理界面

8.3.2　测试 IIS

使用浏览器打开 http://192.168.60.10，可看到 IIS 欢迎页面，如图 8-5 所示。

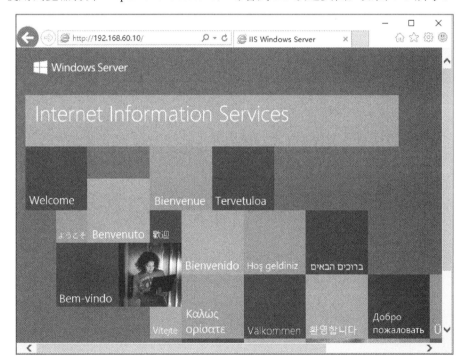

图 8-5　IIS 欢迎页面

至此，完成了 IIS 服务器的创建，可以利用 IIS 部署自己的网站了。

微课 8-2
一个简单企
业网站的
部署

8.4 一个企业网站的部署

下面利用 IIS 服务为 trwin 公司部署一个简单的网站。

8.4.1 网页准备

（1）准备一个文件夹（如 C:\Website），作为存放企业网站的路径，如图 8-6 所示。

图 8-6　Website 路径

（2）准备网页，如图 8-7 所示，给出的 news 网页是一个简单的 HTML 页面。

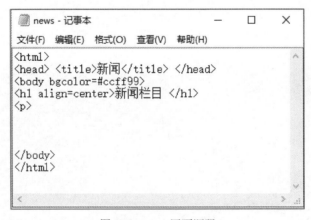

图 8-7　news 网页源码

8.4.2 网站配置

（1）IIS 安装完成后，会自动配置一个默认网站，为了消除默认网站的影响，选择停用该网站。右击"Default Web Site"节点，在弹出的菜单中选择"管理网站"→"停止"，如图 8-8 所示。

图 8-8　管理网站

（2）右击"网站"，选择"添加网站"，如图 8-9 所示。

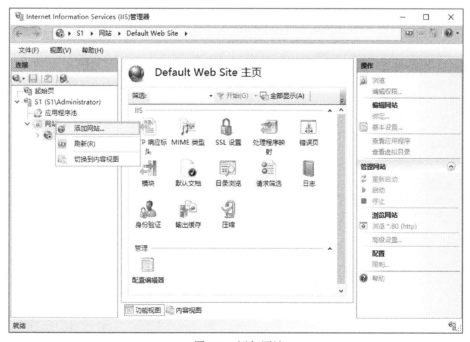

图 8-9　添加网站

（3）在"添加网站"对话框中，设置网站名称和网站存放的物理路径，如图 8-10 所示。

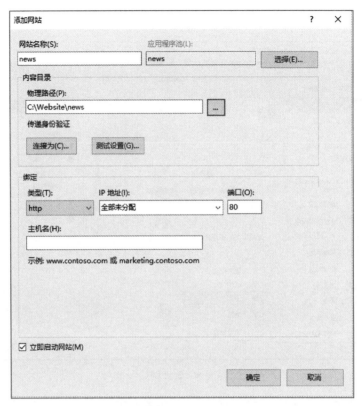

图 8-10 网站设置

（4）完成创建后，则会出现一个名为 news 的网站，如图 8-11 所示。

图 8-11 news 网站

（5）在打开的 news 网站中，选择"默认文档"，如图 8-12 所示，双击打开。

图 8-12　网站默认文档

（6）图 8-13 是默认的 5 个文档，也就是如果不特殊设置，服务器会从网站存放位置依次查找 Default.htm、Default.asp 等五个网页，找到的第一个网页作为网站的首页。由于目前网站只有一个网页 news.htm，在右侧的"操作"中，单击"添加"按钮，增加新的默认文档。

图 8-13　默认文档

（7）在弹出的"添加默认文档"对话框中，输入需要添加的网页名称，如图 8-14

所示。

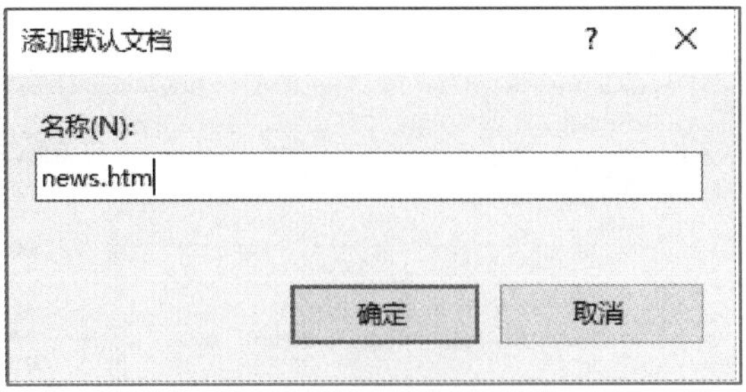

图 8-14　默认文档名称

（8）网页添加完成后，输入 IIS 服务器的 IP 地址，就可以访问该网站了，如图 8-15
所示。

图 8-15　访问 news 网站

8.5　多 Web 网站部署

通过以上步骤，在 Windows Server 2016 上部署了一个 Web 站点，为整个网络提供
Internet 服务。在中小型局域网中，服务器往往只有一台，但是一个 Web 站点显然无法
满足工作需要。那么，能否在一台服务器上设置多个 Web 站点呢？答案是肯定的，并有
多种途径可以达到这一目的。网络上的每一个 Web 站点都有一个唯一的身份标识，从而
使客户机能够准确地访问。这一标识由三部分组成，即 TCP 端口号、IP 地址和主机头名，
要实现"一机多站"就需要设置好这三部分，对应的多 Web 网站部署有以下三种方法。

微课 8-3
多端口方式
部署多网站

1. 利用不同端口

Web 站点的默认端口一般为 80，如果为新的网站设置新的端口，就能实现在同一服
务器上新增站点的目的。

2. 利用不同 IP 地址

一般情况下，一块网卡只设置了一个 IP 地址。如果为这块网卡绑定多个 IP 地址，
每个 IP 地址对应一个 Web 站点，那么同样可以实现"一机多站"的目的。

3．多主机名

在不更改 TCP 端口和 IP 地址的情况下，同样可以实现"一机多站"，这里需要使用"主机名"来区分不同的站点。

所谓"主机名"，实际上就是指 news.trwin.com 之类的网址，因此要使用"主机名法"实现"一机多站"，就必须先进行 DNS 设置。在 DNS 中设置 http://sports.trwin.com 和 http://study.trwin.com 两个网址，将它们都指向唯一的 IP 地址 192.168.60.10。

在部署多网站之前，首先需要准备好相应的网站文件。除了此前的 news 网站之外，在 C:\Website\sports 中存放 sports 网站，在 C:\Website\study 中存放 study 网站。下面分别利用 IP 地址和主机名来标识网站，实现一台服务器多个 Web 网站。

8.5.1　利用 IP 地址标识网站

一般情况下，网站服务器只有一个 IP 地址，为了配置多个网站，需要设置多个端口。而端口访问非常不方便，在实际中不推荐使用。下面是在计算机中利用多 IP 来标识网站，每一个网站各有一个唯一的 IP 地址，见表 8-1。

表 8-1　多网站信息

网站名称	主机名	IP 地址	TCP 端口	主目录
news	无	192.168.60.10	80	C:\Website\news
sports	无	192.168.60.11	80	C:\Website\sports
study	无	192.168.60.12	80	C:\Website\study

（1）添加 IP 地址。这台计算机目前只有一个 IP 地址 192.168.60.10，需要额外再增加两个 IP 地址，供另外两个网站使用。打开 IIS 服务器的 TCP/IPv4 属性设置，单击"高级"按钮进入多 IP 设置，如图 8-16 所示。

微课 8-4
多 IP 方式
部署多网站

图 8-16　IP 高级设置

（2）在弹出的"高级 TCP/IP 设置"对话框中，单击"添加"按钮增加新的 IP 地址，如图 8-17 所示。

图 8-17　添加新的 IP 地址

（3）新添加两个 IP 地址，最终的 IP 配置如图 8-18 所示。

图 8-18　增加两个 IP

一旦配置了多个 IP，则此前添加的 news 网站可以用任何一个 IP 地址访问。

（4）为了使每个网站对应一个独立的 IP 地址，需要分别绑定各个网站的 IP 地址。右击此前添加的 news 网站，在弹出的"编辑网站绑定"对话框中，选择"192.168.60.10"，则 news 网站与"192.168.60.10"相对应，此时不能再用其他的 IP 地址访问 news 网站了，如图 8-19 所示。

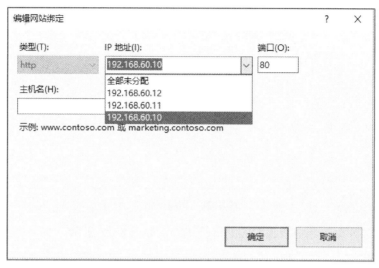

图 8-19　编辑网站绑定

（5）按照以上操作，分别绑定 sports 和 study 网站，绑定结果如图 8-20 所示。

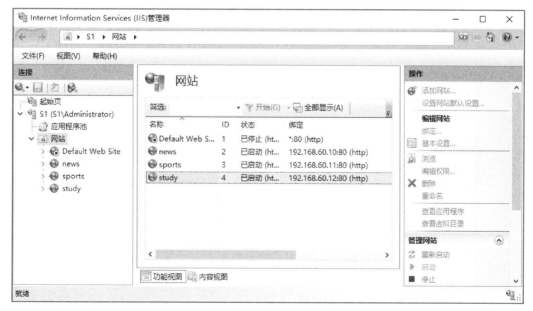

图 8-20　多网站绑定结果

（6）多 IP 配置完成后，就可以利用 IP 地址分别访问各个网站了，如图 8-21 所示。

图 8-21　访问网站

（7）在 DNS 服务器中增加对应的主机记录，如图 8-22 所示。

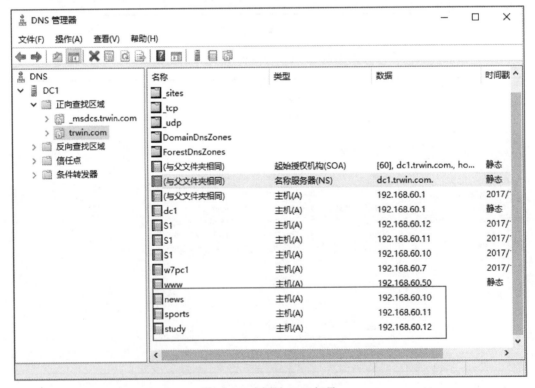

图 8-22　多网站 DNS 记录

（8）在 DNS 中将网站主机与 IP 绑定完成后，可以利用域名访问这些网站，如图 8-23 所示。

图 8-23　多网站域名访问

以上实现了在一台计算机上，利用多个 IP 地址标识不同的 Web 网站。

8.5.2　利用主机名标识网站

IP 地址资源可能有限，这时可以选择利用主机名来区别这台计算机内的多个网站，其设置见表 8-2。

表 8-2　主机名标识

网站名称	主机名	IP 地址	TCP 端口	主目录
news	news.trwin.com	192.168.60.10	80	C:\Website\news
sports	sports.trwin.com	192.168.60.10	80	C:\Website\sports
study	study.trwin.com	192.168.60.10	80	C:\Website\ study

（1）分别编辑各个网站的主机名，如图 8-24 所示是 news 网站的配置。

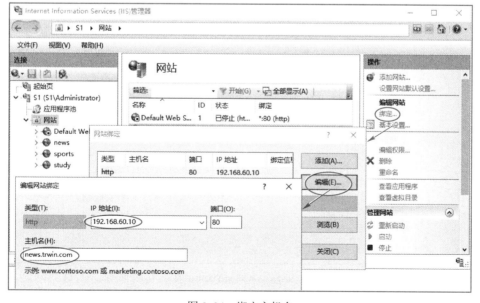

微课 8-5
多主机头
方式部署
多网站

图 8-24　绑定主机名

（2）分别配置各个网站，最终的主机配置如图 8-25 所示。

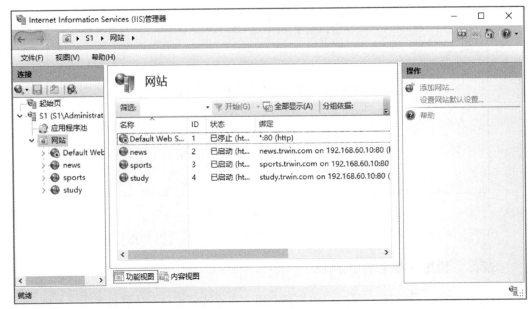

图 8-25　多网站主机配置

（3）将 IP 地址注册到 DNS 服务器，新添加的 DNS 主机记录如图 8-26 所示。

图 8-26　多网站 DNS 记录

（4）各个主机名在 DNS 中添加完成后，就可以利用主机名访问各个网站，如图 8-27

所示。

图 8-27　多网站主机名访问

在利用多主机名标识网站的方式中，在 Web 服务器配置中，除了要设置网站绑定的 IP 地址，还需要设置网站绑定的主机名；同时，在 DNS 区域中，这些记录都映射到同样的 IP，进而完成了多主机名的多网站部署。

8.6　拓展学习

利用 Windows Server 2016 IIS 可以方便地部署 Web 网站，其实 IIS 不仅可以提供 Web 服务，还可以提供其他服务，如网络新闻服务（NNTP）、简单邮件传输服务（SMTP），当然还有文件传输服务（FTP）。读者可以尝试在 Windows Server 2016 上搭建公司用的 FTP，为各个文件夹配置不同的用户访问权限，各个部门成员分别读写各自授权的文件。

8.7　习题

1. Web 服务是如何工作的？
2. 在 Web 网站上设置默认文档有什么用途？
3. 什么是虚拟目录？它的作用是什么？
4. 在一台服务器上建立多个 Web 站点的方法有哪些？
5. 在 WWW 服务中什么是虚拟主机技术？它的主要功能是什么？

第 9 章 /

数字证书服务器配置与应用

数字证书服务器配置与应用

PPT

9.1 项目背景

为了保证网络上信息的传输安全，除了在通信中采用更强的加密算法等措施外，必须建立一种信任及信任验证机制，即通信各方必须有一个可以被验证的标识，这就需要使用数字证书，证书的主体可以是用户、计算机、服务等。证书可以用于多方面，例如 Web 用户身份验证、Web 服务器身份验证、安全电子邮件等。安装证书确保网络传递信息的机密性、完整性，以及通信双方身份的真实性，从而保障网络应用的安全性。

9.2 数字证书简介

数字证书是目前国际上最成熟并得到广泛应用的信息安全技术。通俗地讲，数字证书就是个人或单位在网络上的身份证。数字证书以密码学为基础，采用数字签名、数字信封、时间戳服务等技术，在 Internet 上建立起有效的信任机制。它主要包含证书所有者的信息、证书所有者的公开密钥和证书颁发机构的签名等内容。

微课 9-1
非对称加密

9.2.1 数据加密

首先要了解非对称加密和消息摘要知识。

1. 非对称加密

通信双方如果使用非对称加密，一般遵从这样的原则：公钥加密，私钥解密。同时，一般一个密钥加密，另一个密钥就可以解密。

因为公钥是公开的，如果用来解密，那么就很容易被不必要的人解密消息。因此，私钥也可以认为是个人身份的证明。

如果通信双方需要互发消息，那么应该建立两套非对称加密的机制（即两对公私密钥），发消息的一方使用对方的公钥进行加密，接收消息的一方使用自己的私钥解密。

2. 消息摘要

消息摘要可以将消息哈希转换成一个固定长度的值唯一的字符串。值唯一的意思是不同的消息转换的摘要是不同的，并且能够确保唯一。该过程不可逆，即不能通过摘要反推明文（似乎 SHA1 已经可以被破解了，SHA2 还没有。一般认为不可破解，或者破解需要耗费太多时间，性价比低）。

利用这一特性，可以验证消息的完整性。消息摘要通常用在数字签名中。

了解基础知识之后，就可以认识数字签名和数字证书了。

9.2.2 数字签名和数字证书

1. 数字签名

假设现在有通信双方 A 和 B，两者之间使用两套非对称加密机制。

现在 A 向 B 发消息，如图 9-1 所示。

A　　　　　　　　　　　　　　　　　　　　　　　　　　B
　用B的公钥加密　　　发送　　　　　　　　　　　　　用B的私钥解密
明文 ⟶ 密文 ⟶ 接收到A的密文消息 ⟶ 明文

图 9-1　数据加密

如果在发送过程中，有人修改了密文消息，B 拿到密文，解密之后得到明文，并非 A 所发送的，信息不正确。要解决两个问题：① A 的身份认证；② A 发送的消息的完整性。那么就要用到上面所讲的基础知识了。

数字签名的过程如图 9-2 所示。

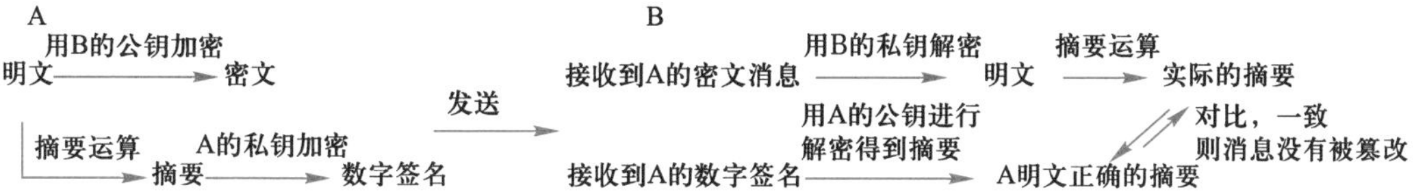

A　　　　　　　　　　　　　　　　　　　　B
用B的公钥加密　　　　　　　　　　　　　　用B的私钥解密　摘要运算
明文 ⟶ 密文　　　　　　接收到A的密文消息 ⟶ 明文 ⟶ 实际的摘要
　　　　　　　　　发送　　　　　　　　用A的公钥进行　　　对比，一致
摘要运算　A的私钥加密　　　　　　　解密得到摘要　　则消息没有被篡改
⟶ 摘要 ⟶ 数字签名　　接收到A的数字签名 ⟶ A明文正确的摘要

图 9-2　数字签名

简单解释：

A 将明文进行摘要运算后得到摘要（消息完整性），再将摘要用 A 的私钥加密（身份认证），得到数字签名，将密文和数字签名一起发给 B。

B 收到 A 的消息后，先将密文用自己的私钥解密，得到明文。将数字签名用 A 的公钥进行解密后，得到正确的摘要（解密成功说明 A 的身份被认证了）。

对明文进行摘要运算，得到实际收到的摘要，将两份摘要进行对比，如果一致，说明消息没有被篡改（消息完整性）。

2. 数字证书

由于网络上通信的双方可能都不认识对方，那么就需要第三者来介绍，这就是数字证书。数字证书由 Certificate Authority（CA）认证中心颁发，如图 9-3 所示。

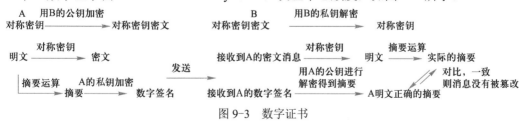

图 9-3　数字证书

首先 A、B 双方要互相信任对方证书，然后就可以进行通信了，与上面的数字签名相似。不同的是，使用了对称加密。这是因为，非对称加密在解密过程中，消耗的时间远远超过对称加密。如果密文很长，那么效率就比较低了。但密钥一般不会特别长，对称加密的密钥的加解密效率较高。

在浏览网站时，多数网站的 URL 都以 HTTP 开头。HTTP 大家都比较熟悉，信息通过明文传输；使用 HTTP 有它的优点，它与服务器间传输数据更快速准确；但是 HTTP 明显是不安全的，也可以注意到，当在使用邮件或在线支付时，都是使用 HTTPS；HTTPS 传输数据需要使用证书并对进行传输的信息进行了加密处理，相对 HTTP 更安全。

9.3 数字证书服务器

证书颁发机构（简称 CA）是值得信赖的第三方实体颁发数字证书机构，并管理为最终用户数据加密的公共密钥和证书。CA 的责任是确保公司或用户收到有效的身份认证是唯一证书。

作为公共密钥基础设施（PKI）的一部分，CA 在签发数字证书之前使用合格信息源（QIS）来检查申请人提供的数据。CA 机构还与第三方合作机构具有紧密的合作关系，如信用报告机构。对申请人的业务以及身份进行认证。CA 是数据安全和电子商务领域的关键组成部分，确保交易双方的真实身份。

CA 的客户群体包括服务器管理员和网站所有者。把 CA 机构颁发的 SSL 证书部署到服务器上，SSL 证书可为认证的服务器与客户端搭建一个平稳和安全的链接，客户端与服务端之间可进行安全的信息通信。

9.3.1 数字证书服务器的安装

为了简化实验，本书将证书服务器安装在域控制器上。证书服务器的安装很简单，主要操作过程如下。

（1）打开"服务器管理器"→"添加角色与功能"，安装类型选择默认，从服务器池中选择服务器，如图 9-4 所示。

微课 9-2
证书颁发
机构

图 9-4 选择服务器

（2）在"服务器角色"中选择"Active Directory 证书服务"，在弹出的功能选项中勾选证书服务所需的功能，如图 9-5 所示。

（3）默认选择"下一步"按钮直到出现"AD CS 角色服务"，其中勾选"证书颁发机构"和"证书颁发机构 Web 注册"，如图 9-6 所示。

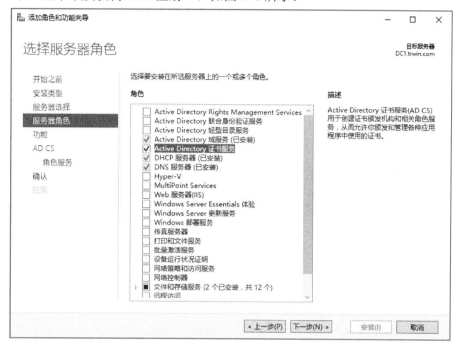

图 9-5 证书服务

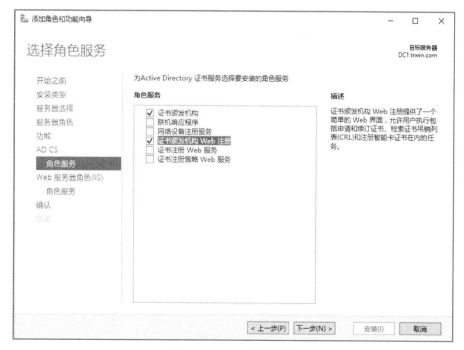

图 9-6 AD CS 角色服务

（4）由于选择了"证书颁发机构 Web 注册"，如果此前没有安装 IIS 服务，会提示安装，"角色服务"按默认设置即可，如图 9-7 所示。

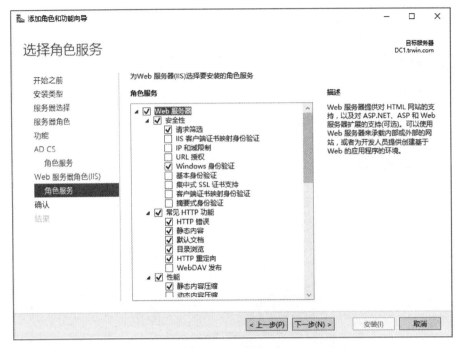

图 9-7　IIS 角色服务

（5）确认内容后单击"安装"按钮，安装进度完成后关闭即可，如图 9-8 所示。

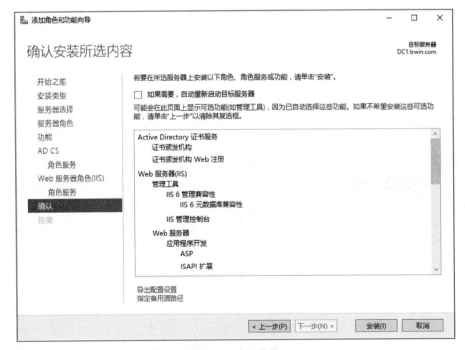

图 9-8　确认安装

9.3.2　配置根 CA

证书服务安装完成后，还需要配置才能完成证书的颁发和使用。

（1）在服务器管理器的仪表盘中，单击进入证书服务的配置，如图 9-9 所示。

微课 9-3
安装证书
服务和架
设根 CA

图 9-9　证书服务配置

（2）证书配置凭据选择默认的域管理员账号，如图 9-10 所示。

图 9-10　证书配置凭据

（3）在配置的角色服务中选择此前安装的两个服务"证书颁发机构"和"证书颁发机构 Web 注册"，如图 9-11 所示。

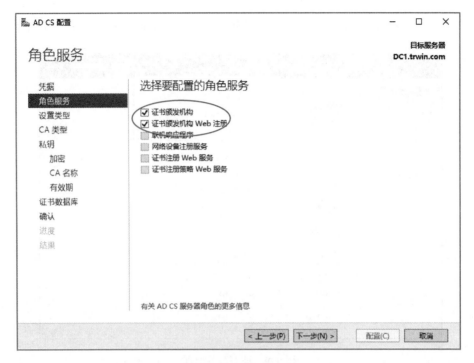

图 9-11 证书角色服务配置

（4）CA 的设置类型选择"企业 CA"，如图 9-12 所示。

图 9-12 证书设置类型

（5）CA 类型选择"根 CA"，如图 9-13 所示。

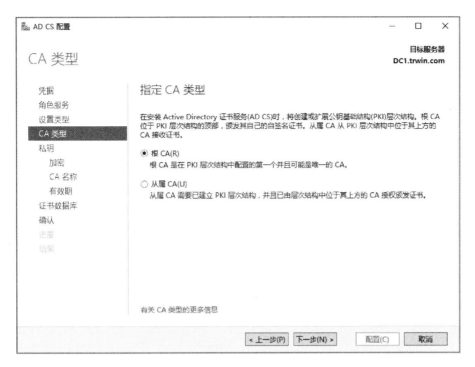

图 9-13　CA 类型

（6）私钥类型选择"创建新的私钥"，如图 9-14 所示。

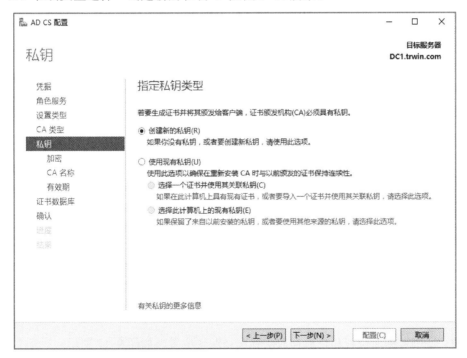

图 9-14　私钥类型

（7）CA 名称用自动生成的公用名称即可，如图 9-15 所示。

图 9-15   CA 名称

（8）有效期选择默认的 5 年，如图 9-16 所示。

图 9-16   证书有效期

（9）证书数据库位置和日志存放位置选择默认位置，如图 9-17 所示。

（10）确认后单击"配置"完成企业根 CA 的配置，出现如图 9-18 所示的界面表示配置成功。

图 9-17　证书数据库和日志存放位置

图 9-18　证书服务配置成功

（11）安装成功后可以看到证书颁发机构正常运行，如图 9-19 所示。

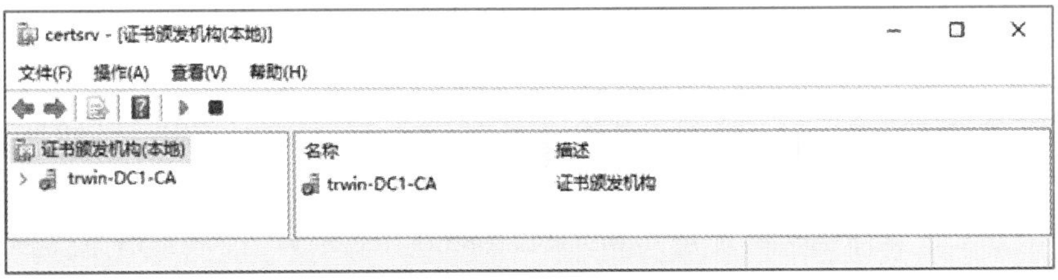

图 9-19　证书颁发机构正常运行

9.4　部署 SSL 网站

2017 年 1 月起，谷歌浏览器开始把采用 HTTP 的网站标记为"不安全"网站。而早在 2014 年，谷歌就宣布他们将 HTTPS/SSL 纳入其搜索算法机制中，采用 HTTPS/SSL 安全认证的网站将会被谷歌给予更多的信任，从而有利于网站在谷歌搜索结果中的排名提升。

如何部署一个 SSL 安全认证的网站呢？要想成功架设 SSL 安全站点关键要具备以下几个条件：

（1）需要从可信的证书颁发机构 CA 获取服务器证书；

（2）必须在 Web 服务器上安装服务器证书；

（3）必须在 Web 服务器上启用 SSL 功能；

（4）客户端（浏览器端）必须与 Web 服务器信任同一个证书认证机构，即需要安装 CA 证书。

SSL 证书是网站具备 SSL 安全连接能力的关键，这个证书可以从不同渠道申请得到。如果网站要对 Internet 用户提供服务，需要向商业 CA 申请证书，例如 VeriSign；如果网站只是供内部员工或少数企业合作伙伴使用，则可以自行利用 Active Directory 证书服务来配置 CA。

图 9-20 是 SSL 网站部署的实验拓扑，在此前 Web 部署的网站 news 上配置 SSL 安全连接。其中 DC1 是域控制器，所在的域是 trwin.com，同时作为证书服务器和 DNS 服务器，其中建立了正向查找区域 trwin.com，建立了 news 网站的主机记录（IP 地址为 192.168.60.10）。接下来利用计算机 w7pc1 来测试 SSL 网站的访问。

微课 9-4
SSL 安全
网站的部署

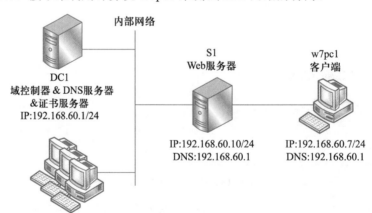

图 9-20　SSL 网站部署实验拓扑

接下来，根据 SSL 网站部署的条件，按照以下步骤来部署一个 SSL 网站。

如果这两台计算机已经加入域，则会自动信任应该信任发放 SSL 证书的 CA。如果这两台计算机并没有加入域，则需要手动执行信任 CA 的操作，其方法是在 CA 证书服务器上申请证书，具体链接地址是 http://192.168.60.1/certsrv，证书申请完成后导入 CA 证书即可，操作过程如下。

9.4.1 申请证书与下载证书

Web 网站与访问 SSL 网站的计算机都应该信任发放 SSL 证书的 CA，否则浏览器在访问 HTTPS 网站（SSL）时会显示警告信息。在一个企业中，如果 Web 服务器和浏览器计算机都是域成员，则它们会自动信任该网站，如图 9-21 所示。

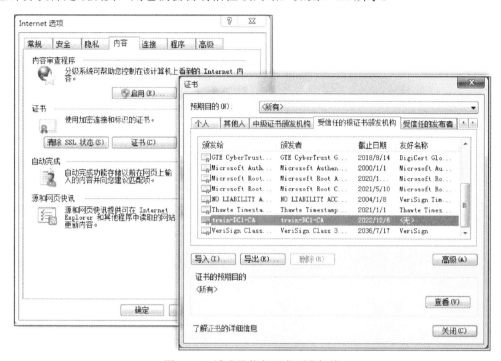

图 9-21　域成员信任证书颁发机构

（1）由于此前已经安装了"证书颁发机构 Web 注册"，此时能够利用证书服务器提供的 Web 注册网页申请证书，如图 9-22 所示。

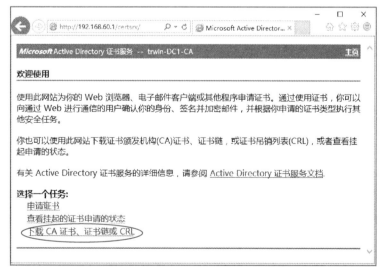

图 9-22　证书颁发机构 Web 注册网页

（2）在下载证书等各种文件之前，首先将网站加入受信任的站点；并设置启用相关的 ActiveX 控件和插件，如图 9-23、图 9-24 所示。

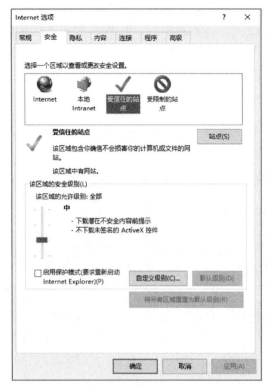

图 9-23 信任站点

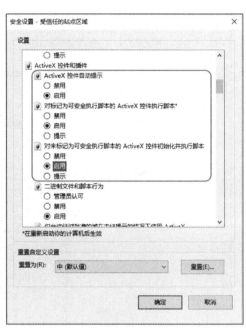

图 9-24 ActiveX 控件和插件设置

（3）在证书 Web 注册页面单击下载证书的链接，如图 9-25 所示。

图 9-25 下载证书

（4）同时下载证书链，如图 9-26 所示。

图 9-26　下载证书链

在证书及证书链下载完成后，就可以安装证书了。

9.4.2　安装证书

证书等文件下载成功后，需要安装导入方可使用。

（1）双击证书文件，单击"安装证书"按钮，如图 9-27 所示。

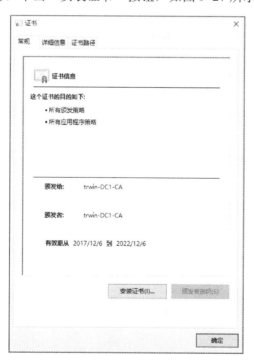

图 9-27　安装证书

（2）使用"当前用户"导入，如图 9-28 所示。

图 9-28　证书导入

（3）在导入向导中，根据证书类型自动选择证书存储，如图 9-29 所示。

图 9-29　证书存储

（4）证书导入完成后，打开 MMC 管理控制台，可以查看个人证书，如图 9-30 所示。

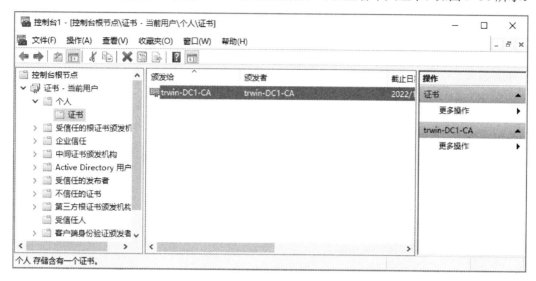

图 9-30 查看个人证书

以上步骤完成了证书的申请和安装，接下来利用获得的证书完成 SSL 网站的连接测试。

9.4.3 SSL 连接测试

SSL 证书创建完成后，即可创建 HTTPS 站点，并启用 SSL 设置。

（1）准备好需要建立 SSL 连接的网站，下面是一个简单 news 网页，其中有一个 SSL 安全连接；在设置 SSL 连接之前，单击该 SSL 安全连接则会出现连接错误，接下来利用获取的证书完成 SSL 的正确连接。news 网页源码如图 9-31 所示。

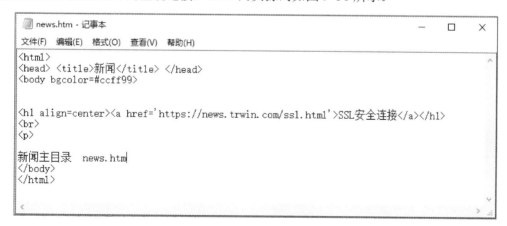

图 9-31 news.htm 源码

（2）在 IIS 管理器中，找到服务器证书，如图 9-32 所示。

图 9-32 服务器证书

（3）单击右侧"操作"中的"创建证书申请"，如图 9-33 所示。

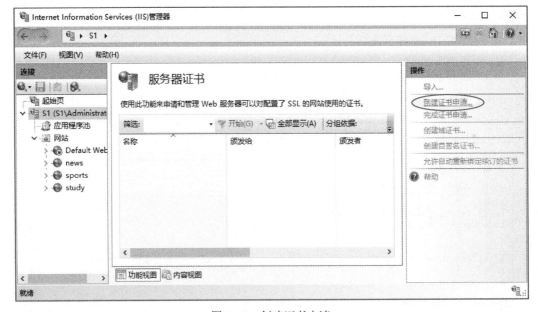

图 9-33 创建证书申请

（4）配置好证书的可分辨名称属性，为了网站的正确显示，注意正确配置通用名称。这里设置为"news.trwin.com"，这会要求在 SSL 连接的网站为"news.trwin.com"，如果内容不一致则会提示证书错误或连接不安全，如图 9-34 所示。

（5）可分辨名称属性设置正确后，单击"下一步"进入"加密服务提供程序属性"，默认选择 RAS 加密服务，单击"下一步"，如图 9-35 所示。

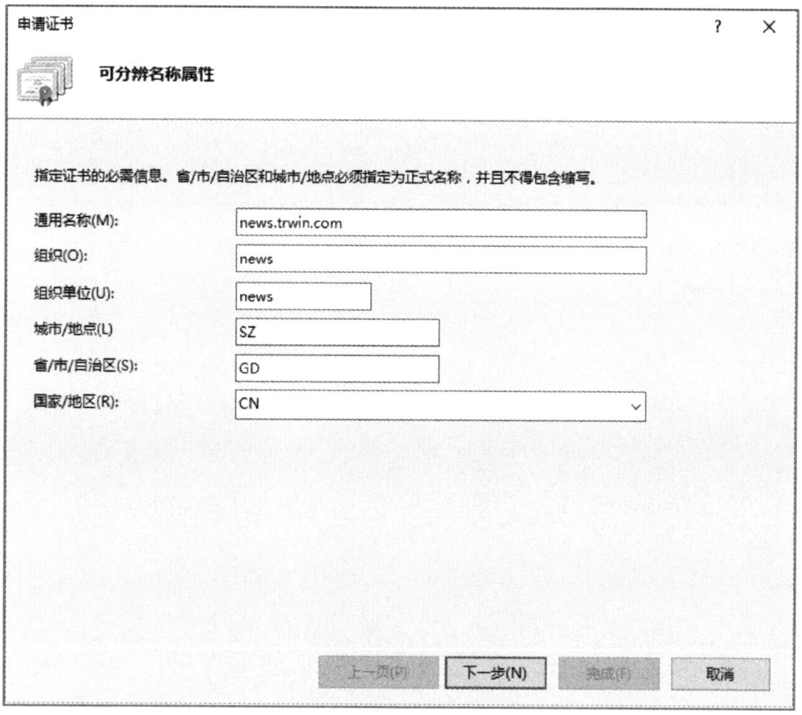

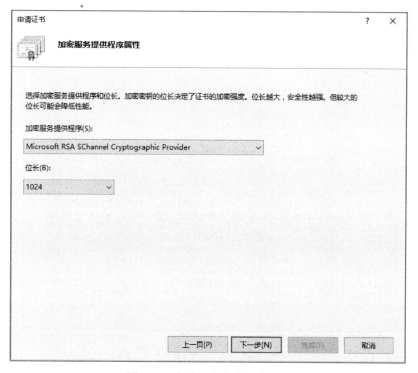

图 9-34 可分辨名称属性

图 9-35 加密服务提供程序属性

（6）为证书申请指定一个文件，其中会加密存放证书申请信息，如图 9-36 所示。

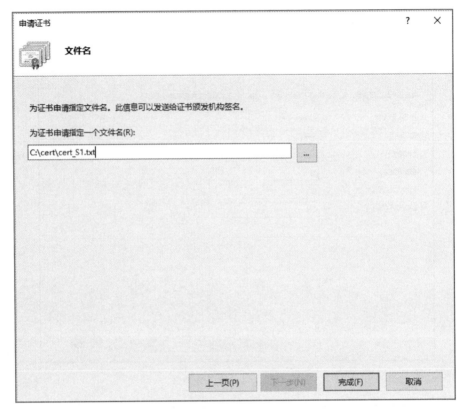

图 9-36   证书申请文件

（7）证书申请文件中会出现加密信息，如图 9-37 所示。

图 9-37   证书申请文件内容

（8）进入证书 Web 注册页面，输入正确的用户名和密码，如图 9-38 所示。

图 9-38   证书 Web 注册凭据

（9）身份验证通过后，选择"申请证书"，如图 9-39 所示。

图 9-39   申请证书

（10）提交一个"高级证书申请"，如图 9-40 所示。

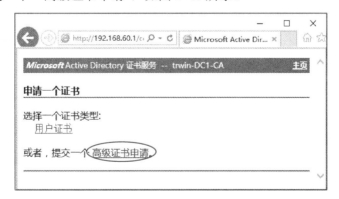

图 9-40   高级证书申请

（11）在高级证书申请中，选择用此前的 base64 编码的文件进行证书申请，如图 9-41 所示。

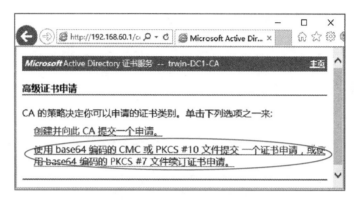

图 9-41   使用 base64 编码的文件进行证书申请

（12）在出现的输入框中粘贴此前证书申请文件的内容，单击"提交"，如图 9-42 所示。

图 9-42   提交证书申请

（13）Web 访问确认中选择"是"，如图 9-43 所示。

图 9-43　Web 访问确认

（14）在 IIS 管理器中单击"完成证书申请"按钮，如图 9-44 所示。

图 9-44　完成证书申请

（15）在完成证书申请中选择此前获得的证书文件，并设置一个易记的名称，如图 9-45 所示。

图 9-45　指定证书颁发机构响应

（16）为了保证 SSL 网站的正确访问，需要添加 HTTPS 绑定，单击"绑定"按钮，如图 9-46 所示。

图 9-46　编辑网站绑定

（17）在网站绑定中，单击"添加"按钮，选择上面获得的 SSL 证书，添加"https"访问，如图 9-47 所示。

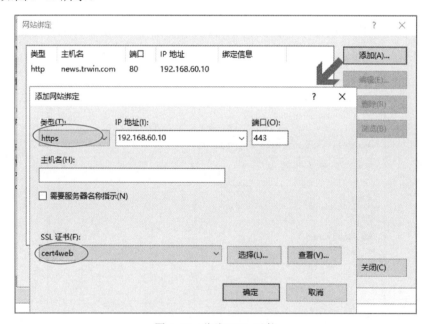

图 9-47　绑定 SSL 证书

（18）在 SSL 设置中，勾选"要求 SSL"，则会要求使用 HTTPS 方式访问网站，如图 9-48 所示。

图 9-48　要求 SSL

（19）HTTPS 证书绑定成功后，则会出现正确的 HTTPS 访问显示，如图 9-49 所示。

图 9-49　正确的 HTTPS 访问显示

以上完成了 SSL 安装网站的部署和测试。

9.5　拓展学习

数字证书能够保证信息传递的安全性，SSL 网站部署只是数字证书的一个应用实例。读者可以尝试部署一台邮件访问服务器，并在邮件服务器和客户端上配置数字证书，实现邮件发送与接收的加密、解密，保证邮件访问的安全可靠。

9.6　习题

1. 简述数据加密和数字签名的含义。
2. 在安装微软的证书服务时，企业 CA 和独立 CA 有什么区别？
3. 针对网站启用安全通道（SSL）有什么作用？
4. 利用 CA 证书部署一个 SSL 网站，需要经过哪些步骤？

第 10 章/
VPN 配置

VPN 配置

PPT

10.1　项目情景

　　trwin 公司的文件服务器上存放了大量常用的公共文件,共享给所有员工在公司内部使用。由于安全原因,这些重要数据属于公司机密,不能随便在 Internet 上传输,文件服务器配置为仅能供公司内部 IP 访问,员工回家或出差时就没法使用共享文件,这给员工的工作带来了很多不便。为了在不影响文件服务器数据安全的情况下,方便员工在外部安全地使用共享文件或其他各类应用,就需要在公司部署一台 VPN 服务器。

10.2　VPN 简介

微课 10-1
VPN 简介

　　虚拟专用网络（Virtual Private Network，VPN）指的是在公用网络上建立专用网络的技术。其之所以称为虚拟网,主要是因为整个 VPN 的任意两个节点之间的连接并没有传统专网所需的端到端的物理链路,而是架构在公用网络服务商所提供的网络平台,如 Internet、ATM（异步传输模式）、Frame Relay （帧中继）等之上的逻辑网络,用户数据在逻辑链路中传输。VPN 主要采用了隧道技术、加解密技术、密钥管理技术和使用者与设备身份认证技术。

　　VPN 属于远程访问技术,简单地说,就是利用公网链路架设私有网络。例如公司员工出差到外地,他想访问企业内网的服务器资源,这种访问就属于远程访问。怎么才能让外地员工访问到内网资源呢？VPN 的解决方法是在内网中架设一台 VPN 服务器,VPN 服务器有两块网卡,一块连接内网;另一块连接公网。外地员工在当地连接上互联网后,通过互联网找到 VPN 服务器,然后利用它作为跳板进入企业内网。为了保证数据安全,VPN 服务器和客户机之间的通信数据都进行了加密处理。有了数据加密,就可以认为数据在一条专用的数据链路上进行安全传输,就如同专门架设了一个专用网络一样。但实际上 VPN 使用的是互联网上的公用链路,因此只能称为虚拟专用网。也就是说,VPN 实质上就是利用加密技术在公网上封装出一个数据通信隧道。有了 VPN 技术,用户无论是在外地出差还是在家中办公,只要能上互联网就能利用 VPN 非常方便地访问内网资源,这就是 VPN 在企业中应用得如此广泛的原因。

10.2.1　VPN 的作用

　　在传统的企业网络配置中,要进行异地局域网之间的互连,传统的方法是租用 DSN

（数字数据网）专线或帧中继。这样的通信方案必然导致高昂的网络通信/维护费用。对于移动用户（移动办公人员）与远端个人用户而言，一般通过拨号线路（Internet）进入企业的局域网，而这样必然带来安全上的隐患。

虚拟专用网的提出可解决如下问题。

（1）使用 VPN 可降低成本——通过公用网来建立 VPN，就可以节省大量的通信费用，而不必投入大量的人力和物力去安装和维护 WAN（广域网）设备和远程访问设备。

（2）传输数据安全可靠——虚拟专用网产品均采用加密及身份验证等安全技术，保证连接用户的可靠性及传输数据的安全性和保密性。

（3）连接方便灵活——用户如果想与合作伙伴连网，如果没有虚拟专用网，双方的信息技术部门就必须协商如何在双方之间建立租用线路或帧中继线路，有了虚拟专用网之后，只需要双方配置安全连接信息即可。

（4）完全控制——虚拟专用网使用户可以利用 ISP 的设施和服务，同时又完全掌握着自己网络的控制权。用户只利用 ISP 提供的网络资源，对于其他的安全设置、网络管理变化可由自己管理。在企业内部也可以自己建立虚拟专用网。

其主要特点如下。

（1）安全保障。

VPN 通过建立一个隧道，利用加密技术对传输数据进行加密，以保证数据的私有性和安全性。

（2）服务质量保证。

VPN 可以为不同要求的用户提供不同等级的服务质量保证。

（3）可扩充性、灵活性。

VPN 支持通过 Internet 和 Extranet 的任何类型的数据流。

（4）可管理性。

VPN 可以从用户和运营商角度进行管理。

10.2.2　VPN 的分类

根据不同的划分标准，VPN 可以按几个标准进行分类。

1. 按 VPN 的协议分类

VPN 的隧道协议主要有三种——PPTP、L2TP 和 IPSec，其中 PPTP 和 L2TP 工作在 OSI 模型的第二层，又称二层隧道协议；IPSec 是第三层隧道协议，也是最常见的协议。L2TP 和 IPSec 配合使用是目前性能最好、应用最广泛的方法。

2. 按 VPN 的应用分类

（1）Access VPN（远程接入 VPN）：客户端到网关，使用公网作为骨干网在设备之间传输 VPN 的数据流量。

（2）Intranet VPN（内网 VPN）：网关到网关，通过公司的网络架构连接来自同公司的资源。

（3）Extranet VPN（外网 VPN）：与合作伙伴企业网构成 Extranet，将一个公司与另一个公司的资源进行连接。

3．按所用的设备类型进行分类

网络设备提供商针对不同客户的需求，开发出不同的 VPN 网络设备，主要为交换机、路由器和防火墙。

（1）路由器式 VPN：部署较容易，只要在路由器上添加 VPN 服务即可。

（2）交换机式 VPN：主要应用于连接用户较少的 VPN 网络。

（3）防火墙式 VPN：是最常见的一种 VPN 的实现方式，许多厂商都提供这种配置类型。

10.2.3　VPN 的实现技术

1．隧道技术

实现 VPN，最关键的部分是在公网上建立虚信道，而建立虚信道是利用隧道技术实现的，IP 隧道可建立在链路层和网络层；第二层隧道主要是 PPP 连接，如 PPTP、L2TP，其特点是协议简单，易于加密，适合远程拨号用户；第三层隧道是 IPinIP，如 IPSec，其可靠性及扩展性优于第二层隧道，但没有前者简单直接。

2．隧道协议

隧道是利用一种协议传输另一种协议的技术，即用隧道协议来实现 VPN 功能。为创建隧道，隧道的客户机和服务器必须使用同样的隧道协议。

（1）PPTP（点到点隧道协议）是一种用于让远程用户拨号连接到本地的 ISP，通过 Internet 安全远程访问公司资源的新型技术。它能将 PPP（点到点协议）帧封装成 IP 数据包，以便能够在基于 IP 的互联网上进行传输。PPTP 使用 TCP（传输控制协议）连接来创建、维护与终止隧道，并使用 GRE（通用路由封装）将 PPP 帧封装成隧道数据。被封装后的 PPP 帧的有效载荷可以被加密、压缩，或者同时被加密与压缩。

（2）L2TP 是 PPTP 与 L2F（第二层转发）的一种综合应用，是由思科公司推出的一种技术。

（3）IPSec 是一个标准的第三层安全协议，它在隧道外面再封装，保证了传输过程中的安全。IPSec 的主要特征在于它可以对所有 IP 级的通信进行加密。

10.3　远程访问服务安装

Windows Server 2016 通过远程访问服务来提供 VPN 的功能，为了配置 VPN 服务器，首先需要安装远程访问服务，具体过程如下。

（1）Windows Server 2016 默认没有安装 VPN 服务，需要打开服务器管理器，单击"添加角色和功能"，安装类型选择默认配置，服务器角色勾选"远程访问"后单击"下一步"按钮，如图 10-1 所示。

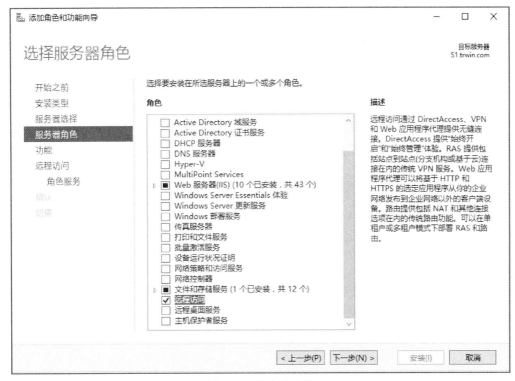

图 10-1 服务器角色

（2）"功能"和"远程访问"都选择默认配置，如图 10-2、图 10-3 所示。

图 10-2 功能

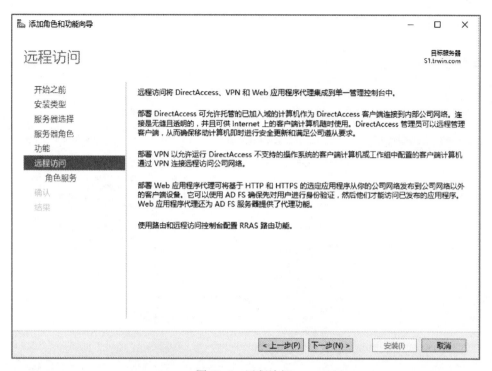

图 10-3   远程访问

（3）在"远程访问"的"角色服务"中，勾选"DirectAccess 和 VPN（RAS）"和"路由"，如图 10-4 所示。

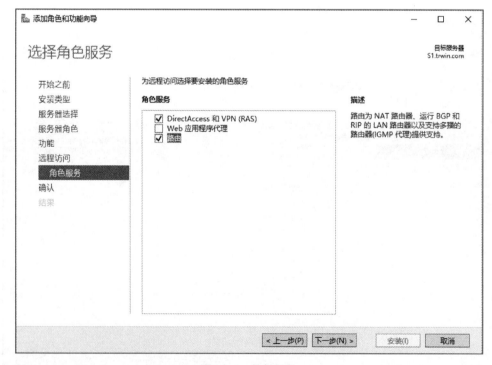

图 10-4   角色服务

（4）在"确认安装所选内容"中，单击"安装"，如图 10-5 所示。

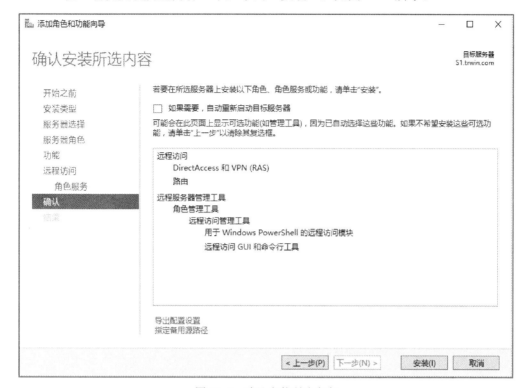

图 10-5　确认安装所选内容

此服务安装完毕后会提示重启系统。

10.4　使用 PPTP 的 VPN 配置

在部署 VPN 时最常用的协议就是 PPTP。它默认的身份验证方式是 MS-CHAPv2，也可以自定义选择更为安全的 EAP 验证，如果采用 MS-CHAPv2 验证，建议 VPN 客户端的密码设置得复杂一些，以最大限度地降低被破解的可能。

下面以图 10-6 所示的拓扑结构构建 PPTP 的 VPN 实验环境。在这个环境中，需要一台域控制器，一台 VPN 服务器，并将其加入域中作为域成员服务器，还有一台 VPN 客户端。其中，域控制器 DC1 的域名为 trwin.com，它同时作为域的 DNS 服务器、DHCP 服务器和证书服务器；VPN 服务器有内、外两个网卡，是隶属于域的成员服务器；图中 VPN 客户端并没有加入域，可以通过网络连接到 VPN 服务器的外网网卡。为了简化测试环境，将 VPN 的客户端与 VPN 服务器的外网网卡配置在同一个网络上。

10.4.1　准备测试环境

图 10-6 中的域控制器 DC1 和 VPN 服务器 S1 的系统都是 Windows Server 2016 Enterprise，VPN 客户端 w7pc1 安装了 Windows 7，各个计算机的 IP 地址都已经设置完成。

微课 10-2
PPTP VPN
实验环境

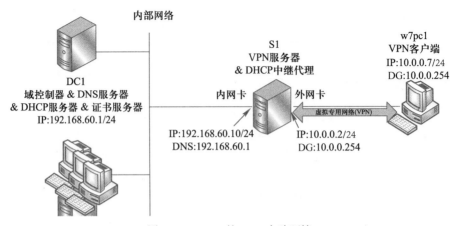

图 10-6　PPTP 的 VPN 实验环境

　　VPN 服务器有两块网卡，分别是内网卡和外网卡。其中，内网卡与 DC1 在同一个网段，外网卡与 VPN 客户端在同一个网段。为了使用域控制器的 Active Directory 数据库来验证用户，需要将其加入域。为此需要设置其 DNS 指向内部网络的 DNS 服务器 IP 192.168.60.1，并将其加入 DC1 的域 trwin.com 中。

　　为了验证每台计算机的网络设置，需要暂时关闭 3 台计算机的 Windows 防火墙，以确保 VPN S1 分别与域控制器和 VPN 客户端 ping 通，能够正常通行。待确定网络环境正确无误后，才可以重新启动 Windows 防火墙。

10.4.2　配置 PPTP VPN 服务器

　　VPN 服务器上首先需要安装路由和远程访问服务，在其中部署 VPN 服务，具体操作过程如下。

　　（1）启动 VPN 服务器，在"服务器管理器"中用添加角色向导的方法开始配置 VPN，打开"开始向导"后，选择"仅部署 VPN"，如图 10-7 所示。

微课 10-3
PPTP VPN
实验 VPN
服务器的
配置

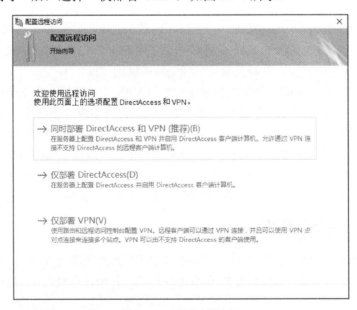

图 10-7　配置远程访问

（2）进入"路由和远程访问"界面，在 VPN 服务器 S1 上右击，在弹出的快捷菜单中选择"配置并启用路由和远程访问"，如图 10-8 所示。

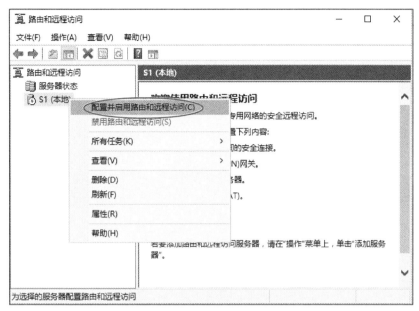

图 10-8　配置并启用路由和远程访问

（3）持续单击"下一步"后，在"路由和远程访问服务器安装向导"中选择"远程访问（拨号或 VPN）"，单击"下一步"按钮，如图 10-9 所示。

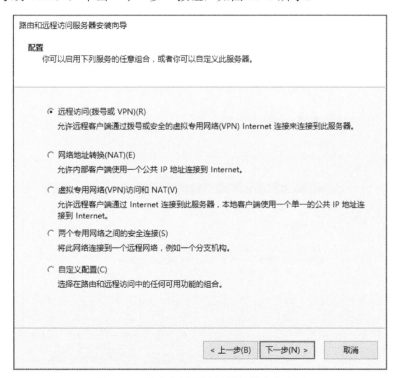

图 10-9　路由和远程访问服务器安装向导

（4）在"远程访问"中，勾选"VPN"，单击"下一步"按钮，如图 10-10 所示。

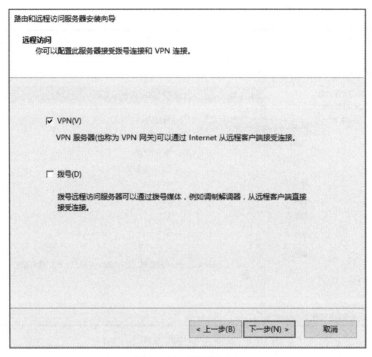

图 10-10 配置 VPN

（5）在"VPN 连接"中，连接到 Internet 的网络接口，也就是 VPN 服务器的外网卡，如图 10-11 所示。

图 10-11 VPN 网络接口

（6）在"IP 地址分配"中选择"自动"单选按钮，这里用到的 DHCP 服务器是由域
控制器担任的，如图 10-12 所示。

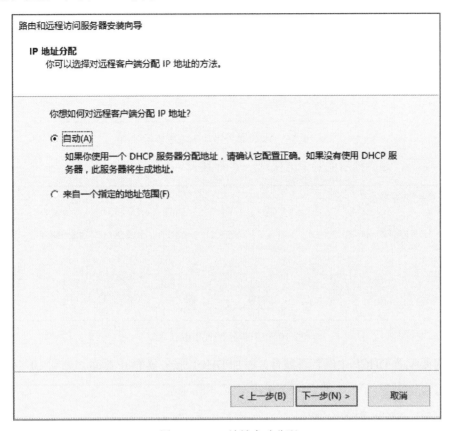

图 10-12　IP 地址自动分配

（7）选择默认设置后完成路由和远程访问服务器的安装，期间会出现如图 10-13 所
示的提示。

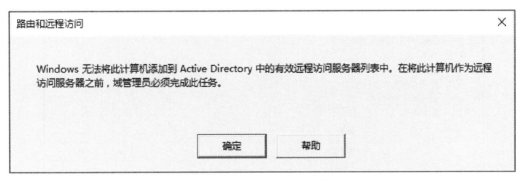

图 10-13　路由和远程访问安装确认

这是为了提醒需要将 VPN 服务器 S1 加入域的"RAS and IAS Servers"组当中。在
域控制器 DC1 的用户组中，找到"RAS and IAS Servers"组，在其中添加 VPN 服务器
"S1"，如图 10-14 所示。

图 10-14   VPN 服务器加入远程访问组

（8）另外，还会提示配置中继代理，如图 10-15 所示。

图 10-15   提示配置中继代理

这需要配置 DHCP 中继代理属性，添加 DHCP 服务器的 IP 地址，如图 10-16 所示。

图 10-16   配置 DHCP 中继代理属性

DHCP 服务器即为域控制器，如图 10-17 所示。

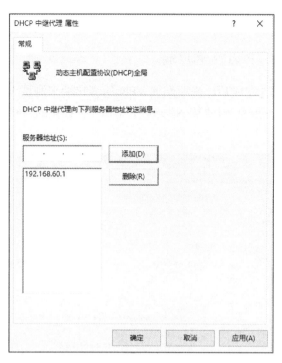

图 10-17　配置 DHCP 中继代理服务器地址

（9）在完成以上操作后，还需要在域控制器设置远程访问用户的网络访问权限，如图 10-18 所示。

图 10-18　设置远程访问用户的网络访问权限

以上完成了 PPTP VPN 服务器的配置，接下来在客户端上验证。

10.4.3　配置 PPTP VPN 客户端

在 VPN 服务器配置完成后，需要配置 VPN 的客户端来测试 VPN 连接是否畅通。

（1）在网络设置中新建一个"VPN"连接，单击"设置新的连接或网络"，如图 10-19 所示。

微课 10-4
PPTP VPN
实验 VPN
客户端的
配置

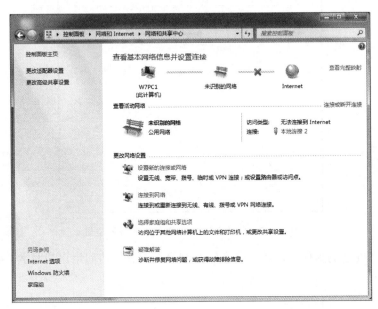

图 10-19　设置 VPN 连接

（2）在"连接选型"中选择"连接到工作区"，在详细的设置中选择"我将稍后设置 Internet 连接"，在连接的 Internet 地址中输入 VPN 服务器的外网 IP 地址，如图 10-20 所示。

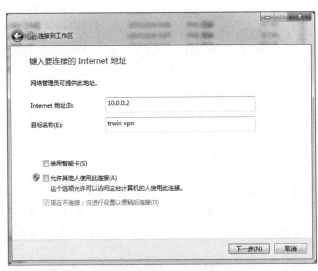

图 10-20　VPN 连接配置

（3）接下来输入用户名和密码，其中用户名为此前设置的允许远程拨入的用户账号，密码为该用户在域中设置的密码，如图 10-21 所示。

图 10-21　VPN 用户访问凭据

（4）另外，还需要设置 VPN 连接的安全属性，如图 10-22 所示。

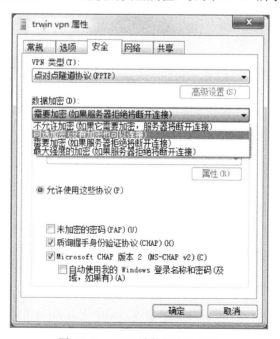

图 10-22　VPN 连接的安全属性

（5）配置完成后，输入用户名和密码，单击"连接"测试 VPN 的连通性，如图 10-23 所示。

（6）连接成功后，单击连接的"详细信息"，可以看见 PPTP VPN 连接成功的详细信息，如图 10-24 所示。

图 10-23　VPN 连接测试

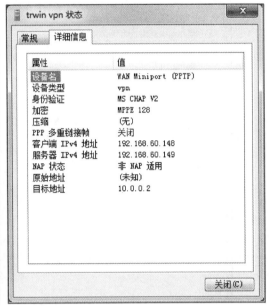

图 10-24　PPTP VPN 连接成功

（7）在 VPN 服务器中，可以看到远程访问客户端的具体信息，如图 10-25 所示。

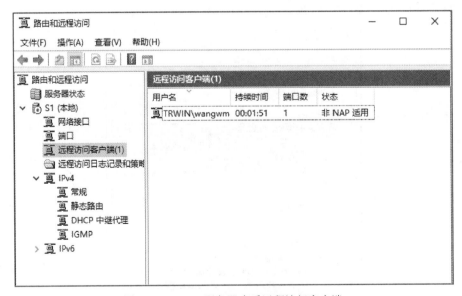

图 10-25　VPN 服务器查看远程访问客户端

（8）在 DHCP 服务器中，可以查看该连接的 DHCP 地址租用情况，如图 10-26 所示。

图 10-26　DHCP 地址租用

通过以上步骤，实现了 PPTP VPN 服务器，并且利用客户端实现了远程连接。

10.5　使用 L2TP 的 VPN 配置

10.5.1　通过预共享密钥连接 L2TP VPN

此处的环境配置与此前的 PPTP VPN 相同，因此直接采用此前配置好的 PPTP VPN
实验环境。另外还需要在 VPN 服务器和客户端设置相同的预共享密钥。

（1）在 VPN 服务器中，设置预共享的密钥，如图 10-27 所示。

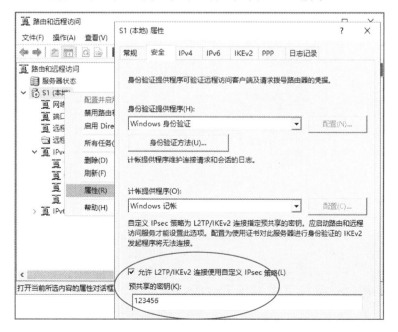

微课 10-5
预共享密钥
L2TP VPN

图 10-27　设置预共享的密钥

设置完成后，需要重启 VPN 服务器。

（2）在 VPN 客户端，需要设置 VPN 连接的属性，VPN 的类型设置为"L2TP/IPSec"，数据加密选择"需要加密"，并在 VPN 类型的高级属性中输入 VPN 的预共享密钥，如图 10-28 所示。

图 10-28   VPN 连接 L2TP 预共享密钥

（3）设置完成后，连接 VPN，可以查看具体的连接信息，如图 10-29 所示。

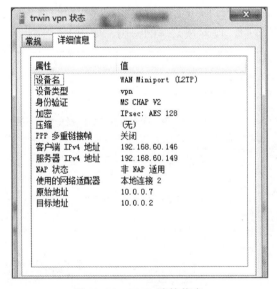

图 10-29   L2TP 连接信息

10.5.2   通过计算机证书连接 L2TP VPN

这个实验的环境与此前的 PPTP VPN 环境基本一致，只是需要在 VPN 服务器和 VPN

客户端中导入需要的计算机和 CA 的证书。

1.　VPN 服务器

由于 VPN 服务器已经加入域，会自动信任由 CA 所发放的证书，CA 证书已经安装到 VPN 服务器上。这可以在 VPN 服务器的 Internet Explorer 中查看，单击 Internet 选项，选择"内容"选项卡，在证书中找到"受信任的根证书颁发机构"选项卡，如果其中已经有 CA 证书，则表示 VPN 服务器已经信任企业根 CA，如图 10-30 所示。

微课 10-6
证书连接
L2TP 之
VPN 服务
器的配置

图 10-30　信任由 CA 所发放的证书

VPN 服务器上有了 CA 证书后，还需要为 VPN 服务器申请计算机证书，过程如下。

（1）在 MMC 管理控制台中添加计算机证书管理单元，如图 10-31 所示。

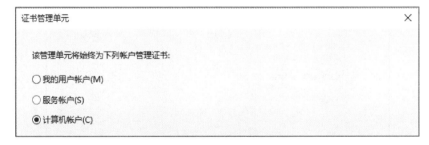

图 10-31　计算机证书管理

（2）在"证书（本地计算机）"中右击并选择"所有任务"→"申请新证书"，如图 10-32 所示。

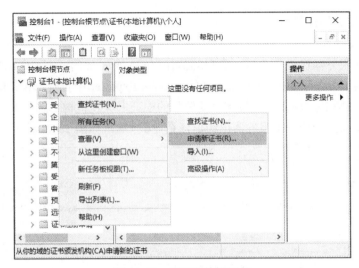

图 10-32   申请计算机证书

（3）根据申请向导，持续单击"下一步"按钮，直到出现如图 10-33 所示的"请求证书"界面，单击"详细信息"。

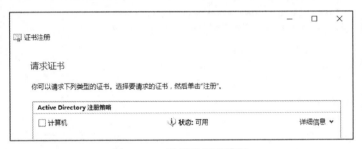

图 10-33   计算机证书模板

（4）在弹出的详细信息中，单击"属性"，如图 10-34 所示。

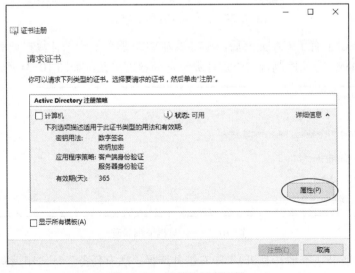

图 10-34   计算机证书属性

（5）设置"证书属性"为"使私钥可以导出"，如图 10-35 所示。

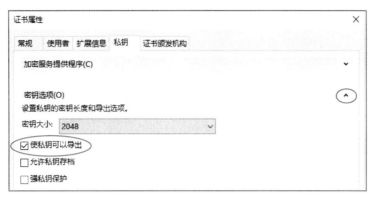

图 10-35　使私钥可以导出

（6）设置完成后，勾选"计算机"证书模板，单击"注册"按钮，注册计算机证书，如图 10-36 所示。

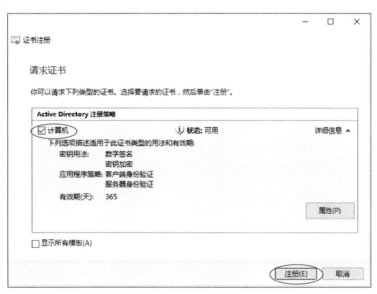

图 10-36　注册计算机证书

（7）申请成功后，会在"证书（本地计算机）"的个人证书中出现刚才申请的计算机证书，如图 10-37 所示。

图 10-37　计算机个人证书

（8）由于这个计算机证书需要给 VPN 客户端使用，因此还需要将这个证书导出，如图 10-38 所示。

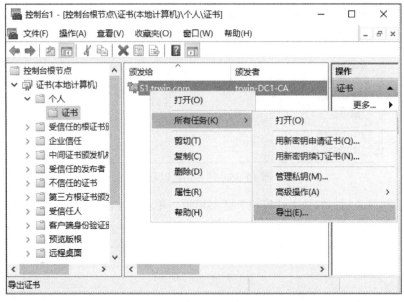

图 10-38   导出计算机证书

（9）在证书导出向导中设置为"是，导出私钥"，输入密码便可以导出该计算机证书。

（10）使用相似的操作导出 CA 证书，在"受信任的根证书颁发机构"中找到 CA 证书，选择"导出"，如图 10-39 所示。

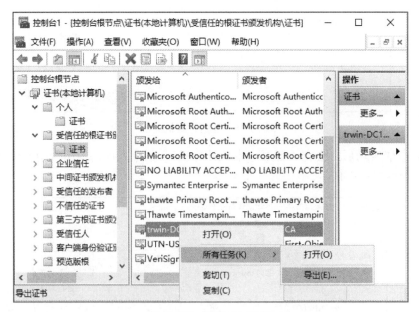

图 10-39   导出 CA 证书

2. VPN 客户端

在 VPN 客户端中，需要分别导入此前导出的 CA 证书和服务器的计算机证书。

（1）将 CA 证书与服务器的计算机证书文件复制到 VPN 客户端。

（2）打开 MMC 管理控制台，添加"证书（本地计算机）"，在个人证书中选择"所有任务"→"导入"，如图 10-40 所示。

微课 10-7
证书连接
L2TP 之
VPN 客户
端的配置

图 10-40　客户端导入计算机证书

（3）浏览存放 VPN 服务器证书的位置，选中该证书则完成导入，导入后的计算机证书如图 10-41 所示。

图 10-41　客户端计算机证书

（4）使用相似的操作，在 VPN 客户端导入 CA 证书，完成结果如图 10-42 所示。

（5）设置 VPN 连接的属性，VPN 类型设置为"L2TP/IPSec"，高级属性设置为"将证书用于身份验证"，如图 10-43 所示。

图 10-42　导入 CA 证书

（6）VPN 连接成功后，可以看到 VPN 连接的详细信息，可以看出是 L2TP，加密采用的是"IPsec：AES 128"，如图 10-44 所示。

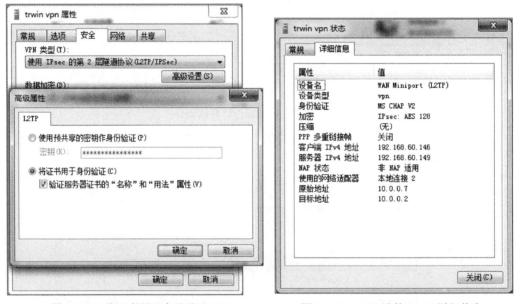

图 10-43　将证书用于身份验证　　　　图 10-44　VPN 连接 L2TP 详细信息

以上完成了计算机证书连接 L2TP 的配置。

10.6　拓展学习

PPTP、LT2P、SSTP 是 VPN 的三种主流连接方式，在本章实现了 PPTP 和 L2TP VPN 的配置。全套接字隧道协议（Secure Socket Tunneling Protocol，SSTP）是微软公司提供的新一代的 VPN 技术，是一种新型的 VPN 隧道的功能。SSTP 使流量通过防火墙而阻止 PPTP 和 L2TP/IPsec 流量。SSTP 提供了一种机制，通过 HTTPS（SSL）建立 VPN 隧道，使用 TCP 端口 443 进行。同时还使用 PPP，支持强大的认证方法，如 EAP-TLS。

安全套接字层（SSL）提供了增强的传输安全、加密和完整性检查。读者可以尝试部署 SSTP VPN，实现更加安全的 VPN 连接访问。

10.7　习题

1. 简述 VPN 的工作过程。
2. 什么是 VPN？VPN 中涉及的协议有哪些？
3. VPN 服务系统由哪几部分组成？
4. VPN 的部署方案有几种？各有什么特点？

第 11 章/
路由器的设置

11.1　项目情景

Windows 跨网段访问通常需要一个路由器或一个三层交换机，而如果两种设备都没有或出现故障，则可以利用 Windows Server 的路由和远程访问（RRAS）把多个网段连接起来。配置成一个路由器，也就是常说的软路由，对于小型企业来说，这是一个节约资金的做法，省去了购买专用路由器的资金。

11.2　路由简介

在 Internet 中进行路由选择要使用路由器。路由器根据所收到的报文的目的地址选择一条合适的路由（通过某一网络），并将报文传送到下一个路由器。路径中最后的路由器负责将报文送交目的主机。

11.2.1　路由器的原理

路由器（Router）用于连接多个逻辑上分开的网络，逻辑网络代表一个单独的网络或一个子网。当数据从一个子网传输到另一个子网时，可通过路由器来完成。因此，路由器具有判断网络地址和选择路径的功能，它能在多网络互连环境中，建立灵活的连接，可用完全不同的数据分组和介质访问方法连接各种子网，路由器只接收源站或其他路由器的信息，属于网络层的一种互连设备。它不关心各子网使用的硬件设备，但要求运行与网络层协议相一致的软件。路由器分本地路由器和远程路由器，本地路由器是用来连接网络传输介质的，如光纤、同轴电缆、双绞线；远程路由器用来连接远程传输介质，并要求有相应的设备，如电话线要配调制解调器，无线要配无线接收机、发射机。

一般来说，异种网络互连与多个子网互连都应采用路由器来完成。路由器的主要工作就是为经过路由器的每个数据帧寻找一条最佳传输路径，并将该数据有效地传送到目的站点。由此可见，选择最佳路径的策略即路由算法是路由器的关键所在。为了完成这项工作，在路由器中保存着各种传输路径的相关数据——路径表（Routing Table），供路由选择时使用。路径表中保存着子网的标志信息、网上路由器的个数和下一个路由器的名字等内容。路径表可以是由系统管理员固定设置好的，也可以由系统动态修改，可以由路由器自动调整，也可以由主机控制。

11.2.2　路由协议

典型的路由选择方式有两种：静态路由和动态路由。

静态路由是在路由器中设置固定的路由表。除非网络管理员干预，否则静态路由不会发生变化。由于静态路由不能对网络的改变做出反应，一般用于网络规模不大、拓扑结构固定的网络中。静态路由的优点是简单、高效、可靠。在所有的路由中，静态路由优先级最高。当动态路由与静态路由发生冲突时，以静态路由为准。

动态路由是网络中的路由器之间相互通信，传递路由信息，利用收到的路由信息更新路由器表的过程。它能实时地适应网络结构的变化。如果路由更新信息表明发生了网络变化，路由选择软件就会重新计算路由，并发出新的路由更新信息。这些信息通过各个网络，引起各路由器重新启动其路由算法，并更新各自的路由表以动态地反映网络拓扑变化。动态路由适用于规模大、拓扑复杂的网络。当然，各种动态路由协议会不同程度地占用网络带宽和 CPU 资源。

静态路由和动态路由有各自的特点和适用范围，因此在网络中动态路由通常作为静态路由的补充。当一个分组在路由器中进行寻径时，路由器首先查找静态路由，如果查到，则根据相应的静态路由转发分组；否则，再查找动态路由。

11.2.3　路由器的功能

路由器的主要功能是完成报文的转发，主要作用如下：

（1）在网络间截获发送到远地网段的报文，起转发的作用。

（2）选择最合理的路由，引导通信。为了实现这一功能，路由器要按照某种路由通信协议，查找路由表。路由表中列出了整个网络中所包含的各个节点，以及节点间的路径情况和与它们联系的传输费用。如果到特定的节点有一条以上路径，则基于预先确定的准则选择最优（最经济）的路径。由于各种网络段和其相互连接情况可能发生变化，因此路由情况的信息需要及时更新，这由所使用的路由信息协议规定的定时更新或按变化情况更新来完成。网络中的每个路由器按照这一规则动态地更新它所保持的路由表，以便保持有效的路由信息。

（3）路由器在转发报文的过程中，为了便于在网络间传送报文，按照预定的规则把大的数据包分解成适当大小的数据包，到达目的地后再把分解的数据包包装成原有形式。

（4）多协议的路由器可以连接使用不同通信协议的网络段，作为不同通信协议网络段通信连接的平台。

（5）路由器的主要任务是把通信引导到目的地网络，然后到达特定的节点站地址。后一个功能是通过网络地址分解完成的。例如，把网络地址部分的分配指定成网络、子网和区域的一组节点，其余的用来指明子网中的特别站。分层寻址允许路由器对有很多个节点站的网络存储寻址信息。

在广域网范围内的路由器按其转发报文的性能可以分为两种类型，即中间节点路由器和边界路由器。尽管在不断改进的各种路由协议中，对这两类路由器所使用的名称可能有很大的差别，但所发挥的作用却是一样的。

中间节点路由器在网络中传输时，提供报文的存储和转发，同时根据当前的路由表所保持的路由信息情况，选择最好的路径传送报文。由多个互连的 LAN 组成的公司或企业网络一侧和外界广域网相连接的路由器，就是这个企业网络的边界路由器。它从外部广域网收集向本企业网络寻址的信息，转发到企业网络中有关的网络段；另一方面集中企业网络中各个 LAN 段向外部广域网发送的报文，对相关的报文确定最好的传输路径。

11.2.4　路由器的路由表

路由器转发分组的关键是路由表。每个路由器中都保存着一张路由表，表中每条路由项都指明了要到达某子网或某主机的分组应通过路由器的哪个物理接口发送就可到达该路径的下一个路由器，在某些情况下，还有一些与这些路径相关的度量。

路由器的主要工作就是为经过路由器的每个数据包寻找一条最佳传输路径，并将该数据有效地传送到目的站点。由此可见，选择最佳路径的策略即路由算法是路由器的关键所在。为了完成这项工作，在路由器中保存着各种传输路径的相关数据——路由表，供路由选择时使用，表中包含的信息决定了数据转发的策略。打个比方，路由表就像平时使用的地图一样，标识着各种路线，路由表中保存着子网的标志信息、网上路由器的个数和下一个路由器的名字等内容。路由表可以是由系统管理员固定设置好的，也可以由系统动态修改，可以由路由器自动调整，也可以由主机控制。

1．静态路由表

由系统管理员事先设置好的固定的路由表称为静态（Static）路由表，一般是在系统安装时就根据网络的配置情况预先设定的，它不会随未来网络结构的改变而改变。

2．动态路由表

动态（Dynamic）路由表是路由器根据网络系统的运行情况而自动调整的路由表。路由器根据路由选择协议（Routing Protocol）提供的功能，自动学习和记忆网络运行情况，在需要时自动计算数据传输的最佳路径。

路由器通常依靠所建立及维护的路由表来决定如何转发。路由表能力是指路由表内所容纳路由表项数量的极限。由于 Internet 上执行 BGP 的路由器通常拥有数十万条路由表项，所以该项目也是路由器能力的重要体现。

11.3　路由服务安装与配置

在进行路由配置之前，做好以下准备工作，需要在两台路由器上添加一块网卡，并将三台计算机的网络配置完成：

（1）为这台作为路由器的 Windows Server 2012 计算机添加两个网卡，并分别设置 IP 地址为 10.0.0.254 和 10.0.0.254。

（2）为两个客户端测试机设置 IP 地址分别为 10.0.0.1 和 10.0.0.10，并将它们的网关分别设置成 10.0.0.254 和 10.0.0.254。

网络拓扑结构如图 11-1 所示。

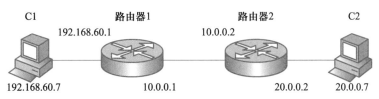

图 11-1 路由访问网络拓扑结构

路由实验主要有 4 台计算机，其中 C1 和 C2 是客户端，只有一块网卡；路由器 1 和路由器 2 是其中的路由器，各有两块网卡；在图 11-1 所示的网络拓扑中，共有 3 个网络。

（1）192.168.60.0 网络，计算机 C1 和路由器 1 的第一块网卡属于这个网络，C1 和路由器 1 不需要配置路由就可以访问。

（2）10.0.0.0 网络，路由器 1 的网卡在这个网络，路由器 1 和路由器 2 可以直接访问。

（3）20.0.0.0 网络，计算机 C2 和路由器 2 的第二块网卡属于这个网络，C2 和路由器 2 不需要配置路由就可以访问。

微课 11-1
路由访问网络拓扑环境准备

11.3.1 启用路由器

在所有担任路由器的 Windows Server 2016 计算机上安装路由功能，具体操作如下。

（1）在服务器管理的仪表盘中，单击"添加角色和功能"，持续单击"下一步"按钮，勾选"远程访问"，添加功能后单击"下一步"按钮，如图 11-2 所示。

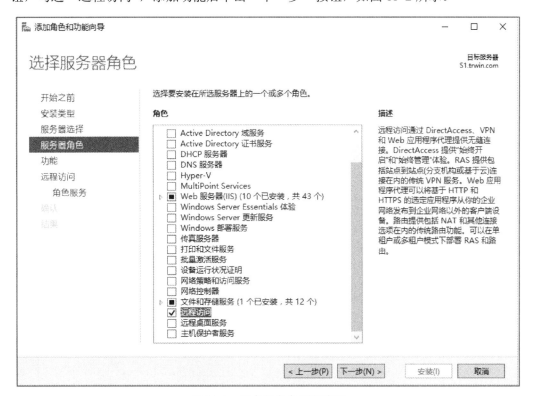

图 11-2 服务器角色远程访问

（2）根据安装向导，持续单击"下一步"按钮，直到出现"远程访问"的"角色服务"，勾选"路由"后单击"下一步"按钮，如图 11-3 所示。

图 11-3　角色服务选择路由和远程访问

（3）选择默认的地址池，单击"下一步"按钮，勾选"远程访问"，单击"下一步"
按钮，如图 11-4 所示。

图 11-4　远程访问

（4）勾选"路由"，添加功能，如图 11-5 所示。

图 11-5　路由角色

（5）单击"下一步"按钮添加功能，安装完成后，打开右上角的工具——路由和远程访问，右击本地服务器名称并选择"配置并启用路由和远程访问"，如图 11-6 所示。

图 11-6　配置并启用路由和远程访问

（6）此时会弹出安装向导，单击"下一步"按钮继续，选择"自定义配置"，单击"下一步"按钮，选择"LAN 路由"，如图 11-7 所示，单击"下一步"按钮，单击"完成"并启动服务。

图 11-7 自定义 LAN 路由配置

（7）接下来会提示启动服务和远程访问管理（图 11-8、图 11-9）。

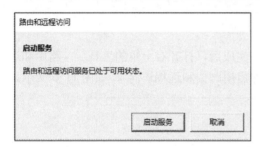

图 11-8 启动服务

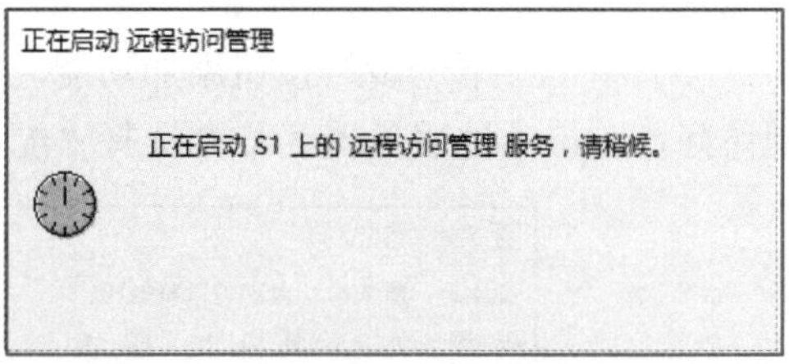

图 11-9 正在启动远程访问管理

（8）启动服务后，进入路由和远程访问配置界面，如图 11-10 所示。

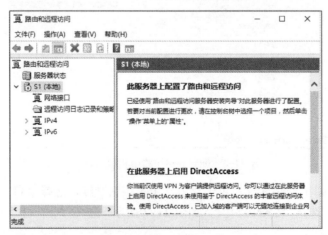

图 11-10 配置路由和远程访问

（9）设置该服务器作为 IPv4 路由器，如图 11-11 所示。

图 11-11　设置本地服务器作为 IPv4 路由器

以上操作完成了路由配置，可以实现不同网段的网络通信了。

11.3.2　查看路由表

1. 路由表的基本信息

路由表中的每项都由以下信息字段组成。

1）网络 ID

它是主路由的网络 ID 或网络地址。在 IP 路由器上，有从目标 IP 地址决定 IP 网络 ID 的其他子网掩码字段。

2）转发地址

它是数据包转发的地址。转发地址是硬件地址或网络地址。对于主机或路由器直接连接的网络，转发地址字段可能是连接到网络的接口地址。

3）接口

它是当将数据包转发到网络 ID 时所使用的网络接口。这是一个端口号或其他类型的逻辑标识符。

4）跃点数

它是路由首选项的度量。通常，最小的跃点数是首选路由。如果多个路由存在于给定的目标网络，则使用最低跃点数的路由。即使存在多个路由，某些路由选择算法只将到任意网络 ID 的单个路由存储在路由表中。在此情况下，路由器使用跃点数来决定存储在路由表中的路由。

2．使用 route print 命令查看路由表（图 11-12）

```
管理员: 命令提示符                                        —    □    ×

Microsoft Windows [版本 10.0.14393]
(c) 2016 Microsoft Corporation。保留所有权利。

C:\Users\Administrator>route print
IPv4 路由表
===========================================================================
活动路由:
网络目标          网络掩码            网关            接口   跳点数
      0.0.0.0          0.0.0.0          0.0.0.0        10.0.0.1      10.0.0.2    281
     10.0.0.0        255.0.0.0                       在链路上       10.0.0.2    281
     10.0.0.2  255.255.255.255                       在链路上       10.0.0.2    281
 10.255.255.255  255.255.255.255                     在链路上       10.0.0.2    281
     20.0.0.0        255.0.0.0                       在链路上       20.0.0.2    281
     20.0.0.2  255.255.255.255                       在链路上       20.0.0.2    281
 20.255.255.255  255.255.255.255                     在链路上       20.0.0.2    281
    127.0.0.0        255.0.0.0                       在链路上      127.0.0.1    331
    127.0.0.1  255.255.255.255                       在链路上      127.0.0.1    331
 127.255.255.255  255.255.255.255                    在链路上      127.0.0.1    331
 192.168.60.0    255.255.255.0                       在链路上   192.168.60.10    281
 192.168.60.10  255.255.255.255                      在链路上   192.168.60.10    281
 192.168.60.11  255.255.255.255                      在链路上   192.168.60.10    281
 192.168.60.12  255.255.255.255                      在链路上   192.168.60.10    281
 192.168.60.255  255.255.255.255                     在链路上   192.168.60.10    281
    224.0.0.0        240.0.0.0                       在链路上      127.0.0.1    331
    224.0.0.0        240.0.0.0                       在链路上       20.0.0.2    281
    224.0.0.0        240.0.0.0                       在链路上   192.168.60.10    281
    224.0.0.0        240.0.0.0                       在链路上       10.0.0.2    281
 255.255.255.255  255.255.255.255                    在链路上      127.0.0.1    331
 255.255.255.255  255.255.255.255                    在链路上       20.0.0.2    281
 255.255.255.255  255.255.255.255                    在链路上   192.168.60.10    281
 255.255.255.255  255.255.255.255                    在链路上       10.0.0.2    281
```

图 11-12　路由表

3．路由表信息解释

destination：目的网段。

mask：子网掩码。

interface：到达该目的地的本路由器的出口 IP。

gateway：下一跳路由器入口的 IP，路由器通过 interface 和 gateway 定义跳到下一个路由器的链路，通常情况下，interface 和 gateway 是同一网段的。

metric：跳数，该条路由记录的质量，一般情况下，如果有多条到达相同目的地的路由记录，路由器会采用 metric 值小的那条路由。

其中第一条是默认路由：意思就是说，当一个数据包的目的网段不在该路由记录中，那么路由器该把数据包发送到哪里。默认路由的网关是由该连接上的 default gateway 决定的。该路由记录的意思是：当接收到一个数据包的目的网段不在路由记录中，会将该数据包通过 10.0.0.2 这个接口发送到 10.0.0.1 这个地址，这个地址是下一个路由器的一个接口，这样这个数据包就可以交付给下一个路由器处理了。

11.4　静态路由部署

静态路由部署是指在路由配置过程中需要指定路由转发信息。

11.4.1　静态路由的设置

在图 11-1 所示的网络中，有两个路由器，要让所有的网络连通，需要在两台路由器上分配配置静态路由信息。

1. 路由器 1

在路由器 1 上新建静态路由，操作如图 11-13 所示。

微课 11-2
静态路由的
配置

图 11-13　路由器 1 新建静态路由

路由器 1 上已经存在 192.168.60.0 和 10.0.0.0 两个网段，不能访问的是 20.0.0.0 网段。从网络拓扑看，发往 20.0.0.0 网络的数据包应该由其第二块网卡转发。因此需要在路由器上配置新建路由，如图 11-14 所示。

图 11-14　路由器 1 静态路由配置

2. 路由器 2

在路由器 2 上新建静态路由，操作如图 11-15 所示。

图 11-15　路由器 2 新建静态路由

路由器 2 上已经存在 10.0.0.0 和 20.0.0.0 两个网段，不能访问的是 20.0.0.0 网段。从网络拓扑看，发往 192.168.60.0 网络的数据包应该由其第一块网卡转发。因此需要在路由器上配置新建路由，如图 11-16 所示。

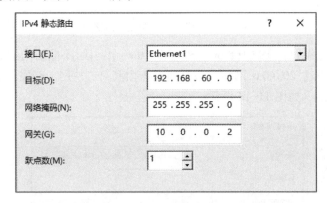

图 11-16　路由器 2 静态路由配置

在路由器 1 和路由器 2 上分别添加所需的静态路由配置后，图 11-1 中的各台计算机就能够相互 ping 通了。

11.4.2　网络访问测试

图 11-1 中所有的计算机中最远的路径是 C1 到 C2，路由配置完成后，在计算机中测试两者之间的连通性，结果如图 11-17 所示。

既然路径最远的网络中 C1 能够 ping 通 C2，则说明网络中所有的网卡都能互访。

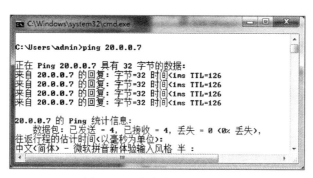

图 11-17　静态路由访问测试

11.5　RIP 配置

路由信息协议（RIP）是一种动态路由协议，通过路由信息的交换生成并维护转发引擎所需的路由表，当网络拓扑结构改变时动态路由协议可以自动更新路由表，并负责决定数据传输最佳路径。通过路由协议，路由器可以动态共享有关远程网络的信息，路由协议可以确定到达各个网络的最佳路径，然后将路径添加到路由表中。

在动态路由中，管理员不再需要与静态路由一样，手工对路由器上的路由表进行维护，而是在每台路由器上运行一个路由协议。这个路由协议会根据路由器上接口的配置（如 IP 地址的配置）及所连接的链路的状态，生成路由表中的路由表项。

动态路由协议自 20 世纪 90 年代初期开始应用于网络。不过，其中的一些基本算法早在 1969 年就已应用到 ARPANET 中。随着网络技术的不断发展，网络日趋复杂，新的路由协议不断涌现。动态路由协议的发展历程如图 11-18 所示。

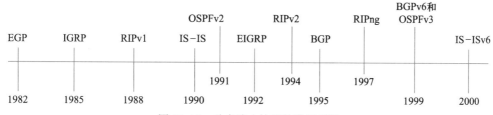

图 11-18　动态路由协议的发展历程

动态路由适用于网络规模大、网络拓扑复杂的网络。动态路由的特点如下。

（1）减少了管理任务。因为动态路由的过程完全是由路由器自己完成的，管理员只做简单的配置即可，路由学习、路由转发和路由维护的任务都是由动态路由来完成的。配置了动态路由后，当网络拓扑发生变化时，不需要进行重新配置，动态路由会自己了解这些变化，从而修改路由表。

（2）占用了网络的带宽。因为动态路由是通过与其他路由器通信来了解网络的，每个路由器都要告诉其他路由器自己所知道的网络信息，同时还要从其他路由器学习自己不知道的网络信息，这样就不可避免地发送路由信息包，而这些路由信息包会占用一定的网络流量。

11.5.1 RIP 路由概述

动态路由是网络中路由器之间互相通信，传递路由信息，利用收到的路由信息更新路由表的过程。动态路由协议可以自动地发现远程网络。它能实时地适应网络结构的变化，如果路由更新信息表明网络发生了变化，路由选择软件会重新计算路由，并发出新的路由更新信息。这信息通过各个网络，引起各路由器重新启动其路由算法，并更新各自的路由表以动态地反映网络拓扑的变化。如果使用动态路由协议，路由器之间就会将自己的路由信息向相邻的路由器发送，并接收相邻路由器发过来的路由信息，有选择地保存这些路由信息，生成自己的路由表。

动态路由是基于某种路由协议实现的。路由协议定义了路由器在与其他路由器通信的一些规则。也就是说，路由协议规定了路由器是如何来学习路由的，是用什么标准来选择路由以及维护路由信息的。

动态路由协议就像路由器之间用来交流信息的语言，通过它路由器之间可以共享网络连接信息和状态信息。动态路由协议不局限于路径的选择和路由表的更新，当到达目的网络的最优路径出现问题时，动态路由协议可以在剩下的可用路径中，选择下一个最优路径进行替代。

1. RIP 路由的工作过程

每一种动态路由协议都有它自己的路由选择算法。算法是解决问题的一系列步骤。一个路由选择算法至少要具备以下几个必要的步骤：

（1）向其他路由器传递路由信息。

（2）接收其他路由器的路由信息。

（3）根据收到的路由信息计算出每个目的网络的最优路径，并由此生成路由表。

（4）根据网络拓扑的变化及时做出反应，调整路由，生成新的路由表，同时把拓扑变化以路由信息的形式向其他路由器宣告。

2. 度量值

不同的路由协议使用不同的度量，有时还使用多个度量。

跳数（Hop Count）度量可以简单地记录路由器的跳数。

带宽（Bandwidth）度量将会选择高带宽路径，而不是低带宽路径。

负载（Load）度量反映了占用沿途链路的流量大小。最优路径应该是负载最低的路径。不像跳数和带宽，路径上的负载会发生变化，因而度量也会跟着变化。这时需要注意，如果度量变化过于频繁，路由摆动（最优路径频繁变化）可能经常发生。路由摆动会对路由器的 CPU、数据链路的带宽和全网稳定性产生负面影响。

时延（Delay）度量数据包经过一条路径所花费的时间。使用时延作为度量值的路由选择协议时将会选择使用最低时延的路径作为最优路径。

可靠性（Reliability）度量用来度量链路在某种情况下发生故障的可能性。可靠性可以是变化或固定的。链路发生故障的次数或特定时间间隔内收到错误的次数都是可变可靠性度量的例子。固定可靠性度量是基于管理员确定的一条链路的已知量。可靠性最高的路径将被最优先选择。

成本（Cost）是用来描述路由优劣的一个通用术语，最小成本（最高成本）或最短

（最长）仅仅指的是路由协议基于自己特定的度量对路径的一种看法。网络管理员可以对 Cost 进行手工定义。

3. RIP 工作原理

RIP 基于 Bellham-Ford（距离向量）算法。此算法 1969 年被用于计算机路由选择，正式协议首先是由 Xerox 于 1970 年开发的，当时作为 Xerox 的 Networking Services（NXS）协议族的一部分。由于 RIP 实现简单，迅速成为使用范围最广泛的路由协议。

路由器用于网络的互连，每个路由器与两个以上的实际网络相连，负责在这些网络之间转发数据报。在讨论 IP 进行选路和对报文进行转发时，总是假设路由器包含了正确的路由，而且路由器可以利用 ICMP 重定向机制来要求与之相连的主机更改路由。但在实际情况下，IP 进行选路之前必须先通过某种方法获取正确的路由表。在小型、变化缓慢的互连网络中，管理者可以用手工方式来建立和更改路由表。而在大型、迅速变化的环境下，人工更新的办法慢得不能接受。这就需要自动更新路由表的方法，即动态路由协议，而 RIP 是其中最简单的一种。

在路由实现时，RIP 作为一个系统长驻进程（Daemon）存在于路由器中，负责从网络系统的其他路由器接收路由信息，从而对本地 IP 层路由表进行动态维护，保证 IP 层发送报文时选择正确的路由。同时负责广播本路由器的路由信息，通知相邻路由器进行相应的修改。RIP 处于 UDP 的上层，RIP 所接收的路由信息都封装在 UDP 的数据报中，RIP 在 520 号 UDP 端口上接收来自远程路由器的路由修改信息，并对本地的路由表做相应的修改，同时通知其他路由器。通过这种方式，达到全局路由的有效。

11.5.2　RIP 路由接口的设置

分别在两个路由器上 RIP 协议，再在其中添加相应的网络接口，通过 RIP 协议在路由器之间交换路由信息，利用收到的路由信息更新路由表。它能实时地适应网络结构的变化。如果路由更新信息表明网络发生了变化，路由选择软件会重新计算路由，并发出新的路由更新信息。这信息通过各个网络，引起各路由器重新启动其路由算法，并更新各自的路由表以动态地反映网络拓扑的变化。具体操作过程如下。

1. 两个路由器分别添加 RIP

（1）在路由器 1 上，右击 IPv4 的"常规"，单击"新增路由协议"，如图 11-19 所示。

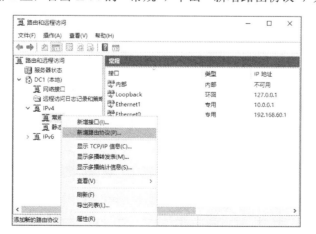

微课 11-3
静态路由的
配置

图 11-19　新增路由协议

（2）在"新路由协议"界面中，选择"RIP Version 2 for Internet Protocol"，如图 11-20
所示。

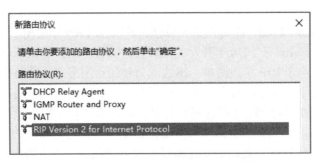

图 11-20　新路由协议

在路由器 2 上的操作类似，也是增加 RIP Version 2 for Internet Protocol。

2．两个路由器分别添加网络转发接口

（1）右击路由器 1 新添加的"RIP"并选择"新增接口"。用同样的方法，为路由器
2 新添加的"RIP"选择"新增接口"，如图 11-21 所示。

图 11-21　新增 RIP 接口

（2）根据网络拓扑图，路由器 1 上需要增加"Ethernet1"接口，如图 11-22 所示；
路由器 2 上需要增加"Ethernet1"接口，如图 11-23 所示。

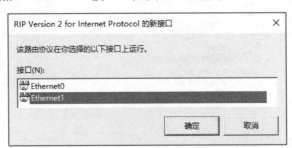

图 11-22　路由器 1 上需要增加"Ethernet1"接口

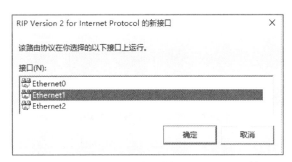

图 11-23 路由器 2 上需要增加"Ethernet1"接口

（3）等待一段时间后，两台服务器均能成功收到对方发送的路由信息，如图 11-24 所示。

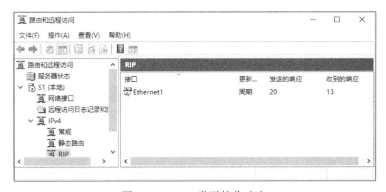

图 11-24 RIP 发送接收响应

两台路由器互相接收 RIP 响应后，路由表更新成功。

11.5.3 网络访问测试

网络拓扑中所有的计算机中最远的路径是 C1 到 C2，路由配置完成后，在计算机中测试两者之间的连通性，测试的方法见 11.4.2 节，在 RIP 路由实验中可以得到同样的结果。

11.6 拓展学习

网桥将两个相似的网络连接起来，并对网络数据的传输进行管理。它工作于数据链路层，不但能扩展网络的距离和范围，而且可以将网络划分成多个网络，隔离出安全网段，防止其他网段用户的非法访问。读者可以研究网桥的设置，提高网络访问的可靠性和安全性。

11.7 习题

1. 简述路由器的工作过程。
2. 什么是静态路由？什么是动态路由？路由选择协议有哪些？
3. Windows Server 2016 软件路由器与硬件路由器有何不同？

参 考 文 献

[1] 戴有炜. Windows Server 2012 系统配置指南[M]. 北京：清华大学出版社，2014.

[2] 戴有炜. Windows Server 2012 网络管理与架站[M]. 北京：清华大学出版社，2014.

[3] 戴有炜. Windows Server 2012 R2 Active Directory 建置实务[M]. 北京：清华大学出版社，2014.

[4] 邓文达，易月娥. Windows Server 2012 网络管理项目教程[M]. 北京：人民邮电出版社，2014.

[5] 王伟. 网络操作系统 Windows Server 2012 系统管理[M]. 北京：电子工业出版社，2016.